塔木德

Talmud

〔典藏版〕

[美]莫里斯·亨利·哈里斯——编

丁东——译

湖南人民出版社·长沙·

前 言
Preface

　　《塔木德》是继《希伯来圣经》之后犹太人心中最为重要而神圣的犹太文化典籍。这部圣典历经十个世纪，凝结了两千余名犹太学者对犹太民族历史与文明的思索、探求和淬炼，成为历代犹太人回归精神家园的必经之路，亦是其他民族了解、学习犹太文化与智慧的阶梯。

　　《旧约圣经》的前五章是犹太圣典中最重要的部分，作为犹太诸国的法律规范，它是公元前 6 世纪以前唯一的一部希伯来成文律法，被称为《摩西五经》亦或《托拉》。除成文律法外，数百年来历代拉比学者诠释律法而形成的大量口头法规，也在犹太亲王的主持下，由两千余名犹太学者耗时数十载汇集、编纂而成，成为犹太教口传律法集:《巴勒斯坦塔木德》和《巴比伦塔木德》。由于后者诞生较早,且经由拉比学者们的校正研究和生活实践的验证,其权威性远胜前者,因而我们所言的《塔木德》在普遍意义上仅指《巴比伦塔木德》。拉比们将律法条文与生活实际相结合,应用于具体事件形成案例,成为指导犹太人日常生活和信仰的重要准则和伦理规范。

《塔木德》全书20卷,分为农事、节日、妇女、损害、神圣之事、洁与不洁六部,共12000页,字数高达250万。除了犹太文化的教规训诫和道德说教,其内容还涵盖为数众多的神话传说、历史故事、风物习俗、医学算术乃至植物学知识,其广博浩瀚令人叹为观止,并且塔木德并非纸上学问,而是已经渗入犹太人生活的方方面面,成为历史上永恒的流浪者——颠沛流离的犹太民族真正的精神家园。《塔木德》不仅是犹太人的精神支柱,更赋予了犹太民族以开创的精神,他们海纳百川不断吸取新思想新观念,不断对律法进行各种释义,从而实现了民族智慧的传承和发展。正如《塔木德》作者之一、著名的拉比亚乃所言:“假若《托拉》是一些刻板僵化的公式,它就不能留存下来。”《塔木德》流传至今,早已成为犹太人的灵魂甘霖，成为犹太民族五千年智慧的源头活水。

可惜的是，因为卷帙浩繁，《塔木德》并没有完整的中译本。目前，市面上流行的很多以《塔木德》名义出版的图书，皆是胡乱拼凑的伪作，从中也不可能学到《塔木德》的真谛。本次出版的《塔木德》是在莫里斯·亨利·哈里斯博士编选的《希伯来文学典藏》基础上精选篇目而成，最大程度上保留了《塔木德》中的精髓。莫里斯·亨利·哈里斯博士是美国犹太拉比、犹太保护协会主席，多年致力于犹太文化的研究与传承，他对《塔木德》的审视角度值得我们重视。我相信，那些读完本书的朋友会发现，《塔木德》绝不是一本励志鸡汤书，而是与所有古老文明所传承下来的经典一样，蕴含着深刻隽永的哲理，值得反复品味。

译　者

目 录

Chapter 02
家庭与婚恋

Chapter 06
《塔木德》经典格言

引言

什么是《塔木德》？

　　什么是《塔木德》？答案不止一种。从表面上看，它记录的是公元前一世纪到公元四世纪这 500 年间的犹太律法。但是，随着研究的不断深入，我们可以发现，《塔木德》的意义远不止于此。希伯来语中的"律法"一词——"托拉"——的含义远远超过其所暗示的含义。犹太人用律法来解释他们的整个宗教。要解释什么是《塔木德》，我们必须首先弄清楚它发展演变的过程，这也许比作品本身更值得关注。那么，《塔木德》是如何发展而来的？据推测，大致如此：通过领会《圣经》中的诫命和后被掳时期的所有规则和条例，摩西得到了关于律法的神圣启示。这些律法由摩西口头传给约书亚，然后传给先知，后来传给经师，最终传给拉比们。拉比们之所以将后来衍生的律法都归结于摩西，是出于他们对《圣经》的强烈敬畏，以及他们自身的谦逊。"如果古代的人是巨人，那么我们就是侏儒。"这是拉比们常常说的话。他们相信，所有指导人类的规则都可以直接或间接地在《圣经》中找到。他们的座右铭是"查考《圣经》"，而且他们确实以非常细致周到的方式去反复研究《圣经》，并且常读常新。每一次研究都会有新的意义，每一次研究都是为了阐发新的真理。有些推论是合乎逻辑和常理的，有些是人为的和牵强的，但都是巧妙的。推论的方法有时是归纳，有时是演绎。也就是说，有时，犹太公会会颁布某些律法，然后从《圣经》中为这些律法寻找权威的解读，或者先去《圣经》查找依据，再制定新的律法。《塔木德》正是在这种对《圣经》的不断解读中逐渐衍生而成的。

在对这些律法进行审视时，我们必须首先记住，这些律法诞生于政教合一的时代。所以，与其将它们与普通法典相比较，不如与宗教经典相比较，尽管这种比较常常是不完全对称的。要知道，犹太人所生活的世俗环境中弥漫着宗教气氛，在这种氛围中，即使生活中最卑微的部分也必然与上帝产生联系。研读《塔木德》必须理解这一点，研究犹太人也必须理解这一点。作为律法，从体系上来说，《塔木德》与《罗马法典》相比毫不逊色，但在判决标准方面，它却大有不同，显得更加人性化。比如，不能只凭间接证据就处死犯人。《塔木德》里的许多禁令都非常细致，对微小的歧义也会加以辨明，有时堪称繁文缛节。然而，这些特点就今天的立法规则来看却是十分恰当的。

然而，律法并不构成《塔木德》的全部内容，也不可能是普通读者或研究者最感兴趣的部分。它既有枯燥乏味的部分，也有诗意的部分。这些诗意的元素有时是传记——伟大学者的生活见闻，有时是历史——以色列悲情往事中的一些片段，有时是说教——关于道德和生活的现实教训，偶尔会讲一些轶事——使讨论显得不那么乏味，经常幻想——夹杂着一些古老的民间传说、奇怪的想象、古怪的信仰和不经意的幽默。它们散乱地呈现在书中，穿插在复杂的讨论中，对主要的叙述脉络造成了一些干扰。

从这个角度来看，《塔木德》是一个巨大的迷宫，道路看似简单，却暗藏许多古怪蜿蜒的小径，你很难从中归纳出任何独特的哲学伦理体系，或者一以贯之的学说。但对于有耐心的读者来说，从这些混乱的材料中，他可以窥见中世纪早期犹太人的知识世界和过人智慧。

从以下一些引文中可以看出《塔木德》所蕴藏的智慧。

玫瑰生长在荆棘中。

两个硬币放在一个袋子里比一百个还响亮。

学者之间的竞争推动科学的发展。

真理是沉重的，所以很少有人愿意携带它。

今天就去用你最好的花瓶，因为明天它可能就会碎掉。

吝啬鬼和偶像崇拜者一样邪恶。

最好的布道者是心；最好的老师是时间。

对今天的读者来说，《塔木德》是什么？它是文学、哲学，而不是律法。我们不必再去卷帙浩繁的文章中探寻那些特定的禁令，这既乏味又徒劳。我们要用《塔木德》中的智慧来滋养思想和灵魂，修正我们的行为准则，洞察世间那些亘古不变的真理，获得更加幸福美满的人生。

莫里斯·亨利·哈里斯

Chapter 01

为人与处世

认识你自己

"智者做再小的事也是伟大的；愚者做再大的事也是渺小的。"一个学生曾经问他的老师："什么是真正的智慧？"老师回答说："宽容地审判，纯粹地思考，爱你的邻人。"另一位老师回答说："最高的智慧是认识你自己。"

如果我不为自己努力，我又能靠谁？如果我只为自己努力，那我的意义何在？此时不努力，还要等到什么时候？

提高自己，在那之后，再试着改善别人；先收拾自己，再去赞美别人。你要用自己的行为赢得他人的尊敬。把责任推给别人，有可能是你的缺点之一。

你的昨天是你的过去；你的今天是你的现在；你的明

天是一个秘密。不要担心明天，不要让自己担心一个不属于自己的世界。今天就去用你最好的花瓶，因为明天它可能就会碎掉。活在当下，就是你最好的选择。

不要探究对你来说太难的事物，不要深入钻研虚无缥缈的东西。去研究你能力范围内的事物。不要关注那些神秘之事。当你什么都想抓住时，可能会失去一切。当你只抓住了一小部分时，反而可能赢得全部。

谁能获得智慧？愿意从各方面接受指导的人。谁是坚韧的人？控制自己脾气的人。谁是富有的人？知足的人。谁是值得尊敬的人？尊敬他人的人。

就好比一个人站在岔路口，一条路开头平坦，但尽头荆棘丛生；另一条开头荆棘丛生，后面却很平坦。上帝警醒行人们：别看第一条路开头平坦通顺，走着舒服，走到尽头时遍地荆棘；第二条路开头虽然要吃一些苦头，但慢慢会走出困境，走上坦途。

人如果不为自己着想，那么没人会为他着想；人如果只为自己着想，那么便不能称其为人。

人不要过分挑剔，不要太有城府，不要贪吃无度；要看淡别人对自己的责骂，也不要卖友求荣。想要增长你的智慧，就去热爱那些批评你的人；想要避免智力衰退，就去厌恶那些吹捧你的人。

不论何时，有过错的人，就会害怕别人；无过错的人，则会令他人畏惧。

铁的锻造，令世上所有的树木惊恐万分，它们战栗着……

而神现，对它们说："无须恐慌！你不化作柄，铁对你也无可奈何。"

不要让自己脱离民众；直到死去那天都不能自以为是；如果你没有经历过他人的处境，那就不要妄言他人是非；不要讲那些难听的话，因为最终都会被别人听见；不要说等有空的时候我就读书，如果这样想你或许永远不会有空。

什么样的道路才是正道？应该是自己够体面，又能得到别人的敬重。怎样才能得到别人的敬重？敬重别人的人自然能获得别人的敬重。

快乐的秘诀

拉比泰拉在被他的学生问到获得幸福和安享晚年的秘诀时回答说："我从未对我的家人发怒，我从未嫉妒那些比我好的人，我也从未对他人的堕落幸灾乐祸。"

财富越多，忧虑越多；妻妾越多，争风吃醋的事越多；婢女越多，淫乱的事越多；奴仆越多，偷窃越多；读经书越多，寿命越长；静坐越多，智慧越多；劝教别人越多，事理懂得越多。

有一列军队在道路上行进。道路右侧因为下雪已经结冰，左侧则是一片火海。这列军队如果往右偏就会被冻僵，如果往左偏就会被烧焦。只有保持在中间，才是冷暖最适宜的。

富有的人是为自己所拥有的一切感到快乐的人。就像《圣经》里说的那样："你必吃你亲手劳碌得来的，你必享福，事事顺利"，在今世"福"，在来世"一帆风顺"。

曾经有一艘大船在大海上航行了很多天。在到达目的地之前，刮起了大风，它因此偏离了航线；直到最后，抛锚停靠在一个看起来很舒服的岛屿。岛上有美丽的花朵和可口的水果，还有大树提供凉爽而令人愉悦的树荫，这十分吸引船上的乘客，对他们来说这是理想之地。他们把自己分成五组：第一组决定不离船，因为他们说："可能等下会有一阵风，船锚可能会被提起，船会继续航行，把我们抛下。我们不会为了这个岛提供的短暂快乐而冒险错过我们的目的地。"第二组人在岸上待了很短的时间，享受了花的芬芳，品尝了水果，然后高兴地回到船上，找到了他们离开时的位置。他们没有损失什么，反而因为在岛上的娱乐而有了健康良好的精神状态。第三组人也上了岛，但他们停留的时间太长，最后风太大了，他们匆匆返回，在水手们起锚的时候刚刚到达船上，但在匆忙和混乱中，许多人找不到自己的位置，剩下的航程也变得不再舒适。然而，他们比第四批人更聪明。第四组人沉醉于岛上的玩乐，以至于对船上的警告铃声充耳不闻。他们说："船帆还没挂好，我们可以再享受几分钟。"钟声再次响起，他们仍然无动于衷，心想："我们还没上船，船长是不会开船的。" 于是，他们待在岛上，直到看到船在离岸，然后他们疯狂地追着船一路游，争先恐后地爬上船舷，留下的瘀伤在接下来的航程中都没有痊愈。但是，唉，第五组，他们沉迷狂欢如此之深，甚至没有听到铃声。当船离岸后，他们被抛在了岛上。最后，他们成了藏在灌木丛中的野兽的食物。少部分人即使躲过了野兽的追捕，最终也因暴饮暴食身亡。

这个故事中的"船"，是我们的善行，它把我们带到我们的目的地——天堂。"岛"，是指世间的娱乐，第一组乘客拒绝品尝或看见快乐，如果他们像第二组乘客那样有节制地享受快乐，就会使生活更加愉悦，同时也不会忘记自己的目的地。然而，不能让我们的感官被娱乐所俘获。诚然，我们可以像第三组人那样及时返回，也没有什么不好的影响。甚至可以像第四组人一样，在最后时刻得救，即便带着无法痊愈的伤痕。可我们也有可能成为最后一组人，在追求虚幻中度过一生，忘记将来，甚至因"藏在甜食中的毒药"而中毒身亡。

嫉妒、纵欲和爱慕虚荣会让人在社会上无法立足。

有道德又有智慧的人，他的智慧就会长久的存在；有智慧却没道德的人，他的智慧也不能长久。凡是能让别人从他身上获得愉悦的人，上帝也会让他获得愉悦；凡是不能让别人从他身上获得愉悦的人，上帝也不会让他获得愉悦。

到了晚上不睡觉，在马路上独自闲逛，想一些没有意义的事情，这都是危险的行为。

低调是一种大智慧

高调让人折寿。因为约瑟太高调，所以他死在他的兄弟之前。

敏捷积极地响应尊长的召唤，以宽厚仁慈的态度对待下属，以欣悦的态度对待每一个人。

不要轻视任何人，不要轻视任何东西；没有终生都不顺利的人，也没有完全无价值的东西。

林木曾经问过果树："为什么在远处听不到你们树叶的沙沙声？"果树回答说："我们不用沙沙声来显示我们的存在，我们的果实为我们作证。"果树接着问林木："为什么你们的叶子总是不断地发出沙沙声？""我们不得不借此吸引人的注意。"

如果一个人致力于学习，从而变得博学多才，让他的老师感到满意和高兴，与愚钝之人交谈也很谦虚，与人交往诚实守信，在日常生活中为人坦率，人们就会说："允许他学习上帝的律法的父亲是幸福的；在真理的道路上引导他的老师是幸福的；他所走的路多么完美；他的功劳多么卓著！对于这样的人，《圣经》上说：他对我说，'你是我的仆人以色列，我要借着你得荣耀。'"

但是，当一个人专心学习，变得博学多才后，却鄙视比自己文化程度低的人，与人交往时也很随意，那么人们就会说："允许他学习上帝的律法的父亲有祸了；指导他的人有祸了；他的行为多么可恨；他走过的路多么令人厌恶！《圣经》上说：耶和华的子民从他的国度离去，就是因为这样的人。"

保持温柔平和的态度就能赢得所有人的爱戴，无论面对何人都必须保持谦卑。要像最低矮的门槛，任何人都可以轻松跨过。对待尊长的需求要快速做出反应，对待下属要宽容谦和；要成为优秀的商人，就要在钱财上慷慨。

不要像高门槛那样阻绊别人，最后免不了倒塌；不要像中门槛那样，一旦那些恼怒的人坐在上面，最终也会倒塌；应当如低门槛一般，人们轻而易举就能迈过去，即便整座房屋倒了，这门槛也会完好如初。

做人应该柔和，就像任风吹拂的芦苇一样。因为只有懂得谦卑，才能真正领悟《托拉》的智慧。为何要将《托拉》比喻为流水？因为水不往高处去，只往低处流，《托拉》只能被那些谦逊之人所理解。人应该永远像芦苇一样柔韧，不要像雪松一样坚硬。

请一定要保持谦卑，因为每个人的生命终点都不过是化为蛆虫。所有谦虚的人，都能更好地提升自己。违背圣贤之言的人，都不得善终。任何中伤他人的人，自己也会被中伤。心存谦卑，便可长命百岁。

拉比亨纳说："骄傲自满之人就像偶像崇拜者一样罪恶。"

拉比阿比拉说："骄傲的人要学会谦卑。"

赫斯卡亚说："心高气傲之人的祈祷永远不会被听见。"

拉比阿西说："骄傲僵人之心，弱人之智。"

拉比约书亚说："谦恭胜于牺牲。"因为经上说："献给神的祭品是一颗破碎的心——破碎悔恨的灵魂，主啊，你必不轻视。"

亚伯拉罕的门徒应该具备一双善良的眼睛、一颗恭敬的心灵和一种谦卑的气质。

在大卫王看来，蜘蛛无处不织网，毫无用处又污秽不堪，真是一无是处的动物。

然而，某次战火纷飞之时，他被敌人包围无计可施，不得已躲进一个洞穴里。一只蜘蛛偏于此时在洞口织起网来。

随后敌人紧追而来，于洞前徘徊，虽有疑虑但见洞口蛛网密结，无奈弃之而返，大卫王因此获救。

另有一回，大卫王谋划只身独闯敌军将领的卧寝，夺取佩刀为信，次日威逼敌人："既然我能悄无声息地把你的佩刀夺来，取你项上人头又有何难。"

可是相机而动始终也没等来动手时机，只好放手一搏夜潜敌营，谁知将军睡觉时也不松懈，佩刀压于身下竟是如何也夺不得。

无奈之下，大卫王准备撤退，正当时，一只蚊子飞过，寻绕几番停在将军脚上。蚊虫叮咬令熟睡中的将军也深受其扰，翻来覆去，双腿一挪动，那把佩刀不费吹灰之力就落入大卫王手中。

由此可见，世间万物各得其所，谁也无视不得。

一个人如果能谦卑得像旷野一样，无论何人或禽兽都可以踩踏其中，那他很快就可以学会《托拉》，如果不这样做的话，他无法学会《托拉》。

回答你认识的人的问题时，务必谦让，并且表达对他的善意。在任何人面前都应该谦卑礼让，尤其是对你的家人，如果你怨恨你的家人并和他们争吵，那么你终将下地狱。

如果一个人把礼物赠予他人，但是态度极差，这就相当于什么都没给。假如一个人什么都给不了，但对待他人和蔼可亲，也就相当于给了一份大礼。

一心想要变得伟大的人，伟大却离他越来越远；无心成为伟大的人，伟大却伴随左右。

交友须慎重

评判你的朋友时，务必更多考虑你从他那里所得到的，而不是更多考虑你所失去的。要安贫乐道。不要憎恨反对你的人。不自视甚高，才能安享自己应得的福分。应当慈眉善目，态度谦卑。

不要在朋友发怒的时候去安慰他，不要在朋友死去的亲人尚未入土为安的时候安慰他，不要在他发誓的时候质疑他，不要在他受辱时去见他。

一个人，只要从他的朋友那里学习到一篇内容，或者一章，或者一节，或者一段，或者一句话，或者哪怕是一个单词，就应该恭敬地对待他的朋友。

如果你贫穷的朋友因为生活窘迫向你寻求帮助，请不要让他空手而归。

在情绪激动时与同伴作对的人是有罪的。与人吵架，就像小河渐渐流逝汇入大海，关系再也无法恢复到以前的状态。两人吵架后妥协的那一方，人格会得到提升。

选择妻子要拾级而下，选择朋友要拾级而上。朋友生气的时候要劝解，朋友悲伤的时候要安慰。

朋友有三类：一类像食物，每日不可或缺；一类像药品，偶尔非要不可；一类像病魔，唯恐避之不及。

与朋友相处时，朋友因你而受委屈，一定要重视。

如果你为朋友做了很多事情，则要看得轻一些。要重视朋友帮助你的每一点小事。如果朋友令你受到委屈，莫耿耿于怀。

如珍惜自己的荣耀一般珍惜朋友的荣耀，尊重每一个人。不要说："我奉承他，是因为他给我食物；我奉承他，是因为他给我饮料；我奉承他，是因为他给我衣服。"

人应该清楚地了解与你站在一起的是什么样的人，与你坐在一起的是什么样的人，与你一起吃饭的是什么样的人，与你交谈的是什么样的人，与你签合约的是什么样的人。

通过观察一个人的言行来了解他。他人的印象往往导致错判。

什么才是一个人最应该坚持追求的？有的拉比说：为人善良；有的拉比说：结交良友；有的拉比说：结交好邻居；有的拉比说：未雨绸缪；拉比以利亚撒·本·阿拉赫说：做人要有良心。

什么才是人最应该远离的？有的拉比说：为人邪恶。有的拉比说：结交坏朋友。有的拉比说：欠债不还，因为向人借债如同向神借债。《圣经》里说："恶人借贷而不偿还；义人却恩待人，并且施舍。"有的拉比说：坏心思。拉比以利亚撒·本·阿拉赫说：做人不要有坏心思。

拉比约哈南对他们说：我更喜欢以利亚撒·本·阿拉赫的话，他的话里包含了你们所有人的答案。

从七个方面可以区分一个愚人和智者：智者（1）不在年长者和更有智慧的人面前说话；（2）别人说话时不打断；（3）不急于抢答；（4）提出问题直击要害，作出回答引经据典；（5）话题主次分明；（6）不知道的事绝不会说知道；（7）坦白真相。

而愚者正好相反。

当恶人以诱惑为借口为自己的恶行辩护时，问他是否受过比约瑟更多的诱惑，经受过比他更残酷的考验。

目光贪婪而凶残，生性险恶，憎恨他人，有这样三个特点的人将会被全世界抛弃。

远离丑恶之事，小心那些依照自己个人想法向你提建议的人。

不要结交小人，不可亲近恶邻，请坚信，不论早晚，作恶之人终将受到天谴。

少点争斗即是福

如果你的朋友在课堂或宴会上抢了你的话，你应当与他们和解，相安无事，你才能安眠于你的卧榻。《圣经》里说：他们意见不合，如今就判定为有罪。大善莫过于和平，大恶莫过于纷争。城市之间若有纷争，则城市将毁，圣贤们说：纷争在城，则血流成河。纷争在家庭，则家庭终将离散，圣贤们说：纷争在家，则会发生淫邪之事。

拉比亨纳说："争吵就像河堤上的缺口，一旦形成，只会越来越大。" 有一个人经常到处说："承受责备而不争辩的人是有福的，因为百般的祸患都就此离他而去。"谢穆尔对拉比耶胡达说："《箴言》所写'纷争的开始，就像放水一样。'"一次争吵将引发一百个诉讼案件。

如果大家都团结一体，那么就如《圣经》所说：你们今日都将存活。就像全世界的人都知道的那样，没有人能独自折断一捆芦苇，但如果把芦苇一根根分开，那么一个孩子都可以折断它。

因为人类会繁衍生息，所以上帝造人时，一开始只造了一个，是为了让人类不要彼此争吵。即便如此，现在世界上仍有许多的不和睦。如果当初上帝创造了两个人，那不知道要多出多少争斗。

争吵就像个漏洞，洞越大，水就流得越急。两个人争吵时先安静下来的人值得称赞。

谨言慎行

我经常与圣贤们学习交流，但我发现，没有什么品质比沉默更宝贵。实践比苦读更重要。逞口舌之利终将给自己招来祸事。

"对于智者来说，保持沉默是有益的，对于愚者当然更是如此。"所罗门王说，"愚昧的人保持沉默也可算作一种智慧。"

如果说话值一个硬币，沉默就值两个。

如果沉默对智者有所助益，对于愚者就更是如此了！

沉默是拯救邪恶的最好方式。

沉默是一个巴比伦人拥有良好教养的标志。

迦密的儿子西缅说："我在智者之中长大，从未发现有比沉默更好的东西。"

拉比阿基瓦说："欢笑和轻浮致人淫邪；传统是律法的栅栏，什一税是资本的栅栏，誓言是欲望的栅栏，而沉默是智慧的栅栏。"

沉默是医治百病的良药。

沉默不仅有益于聪明人，更有益于愚蠢的人。

从小到大，我从聪明人身上获益最大的特质是沉默。

如果你能守住你的嘴，不随便说别人的坏话，那么你的一生都将平安。

注意你的言辞，不可未经思考就脱口而出，要依据天下的公理来衡量你的行为，让你前进的每一步都能获得赞许。坦然接受命运的裁决，不要陷入抱怨之中。

你的朋友有朋友，你朋友的朋友也有朋友，要谨言慎行。把你的秘密告诉三个人，马上就会有十个人知道它。

宁可自己感到羞愧，也不要被人羞辱。莫因你的唇而蒙羞，莫因你的嘴而遭他人贬低；莫让舌头造成轻浮的表象，莫让牙齿使你陷入羞愧，莫因自己的言辞而陷入窘境。

国王得了怪病，人所罕见。医师诊断后说："母狮的乳汁可祛病。"可是，如何取得母狮的乳汁呢？

一个绝顶聪明的男人想出办法，他每日都到母狮栖身的洞穴，供献一头幼狮给它。如此持续到第十天，他和母狮已然熟悉，关系十分亲密，最终取得少量的母狮乳汁。

返回宫廷的路上，他做了个梦。梦里他的身体各部位竟在激烈争吵，为的是争夺躯体最核心部位的荣誉。脚说："如果没有脚，怎能去到母狮的洞穴？"眼睛说："不长眼睛看不见道路的话，即便有脚也走不到。"心脏说："错了错了，你们都错了，假如没有我，身体都会变成僵硬的尸体，还能撑到现在？"

此时舌头突然发言："没有我的存在，你们都没用。"身体其他部位听闻此言怒而驳斥："你除了咋咋呼呼能有什么用处！软黏黏的家伙别太狂妄了！"阵势之盛吓得舌头噤口不言。

男人来到宫中，舌头轻蔑地对身体其他部位宣示："你们瞧好了，我才是最无可取代的！"

国王召见了男人，询问道："这是什么乳汁？"男人猛地叫道："这是狗的乳汁。"此言一出，身体的其他部位震惊不已纷纷求饶，表示领教了舌头的厉害，切莫胡言，舌头这才进言匡正："不，我说错了，这是真正的母狮的乳汁。"

要警惕祸从口出。只有掌握要害，世事才能如人所愿。

一个小生意人在街区里沿街叫卖："人生的秘诀有人要买吗？"听闻消息，人们纷纷赶来围观，甚至有几位拉比都围了过来。人们越挤越多，全都想买他所说的人生秘诀。生意人看到这样的景象，对大家说："如果想要自己的人生实实在在，秘诀就是小心自己的口舌。"

拉比迦玛列让他的仆人托比从市场上带些好东西回来，托比带来了一条舌头。又一次，拉比叫他带些不好的，仆人带回来的仍是舌头。拉比就问："你为什么两次都带舌头？""它是善恶之源，"托比回答，"如果它是好的，就没有比它更好的；如果它是坏的，就没有比它更坏的。"

一天，一位拉比举办了一场晚宴，邀请了很多自己的学生。晚宴有很多带有牛舌和羊舌的菜肴，其中有的舌头硬得难以咀嚼，有的舌头却柔软滑嫩。于是学生们都在抢着吃柔软滑嫩的舌头，拉比便向弟子们说："你们也要学着让自己的舌头柔软一些。如果说话强硬咄咄逼人，不但容易招惹是非，还有可能引火上身。"

学会宽容

一个人应该希望邻人能从他这里得到好处，同时不要想着反过来从邻人身上获利。如果别人用话来羞辱他，那他应当说更多好话，而不要反过来羞辱别人。如果他们欺骗他，他也不要反过来欺骗，他应当把众人的枷锁扛在肩上，而不是反过来将它重重地加在他们身上。

别人说你坏话，即使影响严重也要看成一件小事；如果是你说别人的坏话，即使影响轻微也要认真对待。一定要学会安慰别人。

仁慈地对待他人的人，上帝也会对他仁慈。不仁慈的人，上帝也不会对他仁慈。

用可以化解怒气的温和语气与他人沟通，不仅仅要对亲属和朋友如此，对大街上的陌生人和异教徒也应当如此，这样足以令你生时得到上天宠爱、死后得到后世尊敬，你的同胞也会喜欢你。

宽恕别人对你的侮辱。宽恕给你添麻烦的人。

不要随便抱怨，以免毒害他人，多添罪孽。

仇恨同偶像崇拜、淫荡同杀人是一样的罪。

远离怨言，以免对他人心生怨恨，从而做出有罪之事。

即使被诅咒，也不要去诅咒别人。

如果邻人对你干了一件坏事，请立即宽恕他，因为你应该爱他如己。如果一只手不小心伤了另一只手，受伤的那只手应该报复另一只手吗？正如之前所教诲的那样，你应该在心里想："这是主所赐予的；它是作为圣者的信使来临的，是某些罪行所致的惩戒。"

能够化敌为友的人，是有力量的人。圣人说："对两个朋友而言针眼尚不算狭窄，但对两个敌人来说整个世界都不够宽敞。"

报仇是什么呢？埋怨是什么呢？假如一个人在第一天向同伴借镰刀没借到，第二天同伴向他借锄头，他也故意不借，这便是报仇。假如一个人在第一天向同伴借镰刀没借到，第二天同伴向他借外套，他借给同伴后还说："给你，我和你不一样，借点东西都不给。"这便是埋怨。对于那些受到了侮辱却不侮辱他人的人、受到责备却不相互责备的人和在困境中也保有爱心和快乐的人，《圣经》上是这样说的："愿爱你的人如日头出现，光辉烈烈！"不对他人施加报复的人，他的罪孽会被宽恕，当别人请求他的原谅时他会给予原谅。

人们认为只要自己不打骂他人就足够宽容了，因而《圣经》有言——"不可在心里恨你的弟兄。"这句话特别加上了"心里"二字，强调埋藏在心中的仇恨也不可取。

克制愤怒

有四种性格：容易发怒又很快平息怒火的，所失多于所得；不容易发怒也不容易平息怒火的，所得会多于所失；不容易发怒且能迅速平息怒火的，是君子；容易发怒却很难平息怒火的，是恶人。

两人在一起打赌，其中一人说他可以惹怒希勒尔。如果此人成功就可以得到四百兹姆，一旦失败他就会输掉四百兹姆。临近安息夜，希勒尔正在洗漱，那人从他门前经过，喊道："希勒尔在哪里？希勒尔在哪里？"希勒尔裹上披风，出来看那人要干什么。他回答说："我想问你一个问题。"希勒尔说："问吧，我的孩子。"那人说："我想知道为什么巴比伦人的脑袋那么圆？""这是一个非常重要的问题，我的孩子，"希勒尔说，"原因是他们的接生婆不聪明。"那人走了，一小时后复返，像之前一样喊道："希勒尔在哪里？希勒尔在哪里？"希勒尔又披上他的披风出去，温和地问："又怎么了呢，我的孩子？""我想知道，"他说，"为什么塔德摩尔人的视力那么差？"希勒尔回答说："这是一个重要的问题，我的孩子，是因为他们生活在沙漠之上。"那人离开，又一个小时过去，他回来喊道："希勒尔在哪里？希勒尔在哪里？"希勒尔又出来了，同之前一样温和，平静地问他还想要干什么。"我有一个问题要问。"那人说。"问吧，我的孩子。"希勒尔说。"为什么非洲人的脚这么宽？"他说。"因为他们生活在沼泽地里。"希勒尔说。"我还有很多问题要问，"那人说，"但我担心这会使你失去耐心，惹你生气。"希勒尔拉下他的斗篷坐了下来，让那人随意提问。"你是希勒尔吗？"他说，"他们称你是以色列的王子？""是的。"希勒尔回答。"那么，"那人说，"我祈祷在以色列不要有更多像你这样的人！""为什么，"希勒尔问，"怎么会呢？""因为，"那人说，"我跟别人打赌说我可以激怒你，但却因此输光了四百兹姆。""你要为将来着想，"希勒尔说，"你最好输掉四百兹姆，再输掉四百兹姆，而不是扬言希勒尔发脾气了！"

抑制愤怒的人会得到宽恕。抑制愤怒，你就能避免犯罪；拒绝放纵，便不会激怒上天。

敏感的人、易怒的人和忧郁的人，这三种人的生活几乎谈不上是生活。

己所不欲，勿施于人

据说有个赶驴的人来问拉比阿基巴："拉比，你能不能把《托拉》一次性都教给我？"阿基巴回答说："我们的导师摩西在西奈山上住了四十天四十夜才学会《托拉》。而你却想一步登天，那么，孩子，我只能告诉你，《托拉》的基本原则是己所不欲，勿施于人。在涉及财产的问题时，如果你不希望别人侵犯你的财产，那么你就不要去侵犯别人的财产，如果你不希望别人夺走你的东西，那你就不要夺走别人的东西。"赶驴的人听完此话，回到他的同伴中。他们一行人来到了长满豆子的菜地，他的同伴每人摘了两个豆荚，他没有摘。他们又来到了长满白菜的菜地，他的同伴每人摘了两棵白菜，他也没有摘。他的同伴问他为什么不拿一些，他回答说："我不希望别人侵犯我的财产，我就不能侵犯别人的财产。"

像尊重自己的荣誉一样去尊重别人的荣誉。就像你不希望自己的名誉遭到诋毁，别人的名誉也不容诋毁。

当你的仇敌跌倒时，不要兴高采烈；他失败的时候你也不要幸灾乐祸，否则神看见了恐将心生不喜，将敌人的灾祸转到你身上。

勇于悔改

一个人病入膏肓，垂危之际他应该忏悔，因为所有即将遭受律法最后审判的人都要忏悔。当一个人去市场上，他应该视此为自己被移交审判官审判。如果他头疼犯了，就应当视之为自己脖子上了枷锁。如果他被禁锢在床，就应当视之为自己走上台阶接受审判。如在这种情况下，只有当他有合格的辩护人时，他才能免于一死，而这些辩护人就是悔改和善行。尽管有九百九十九个人反对他，而只有一个人支持他，他也能因此得救。正如《约伯记》所言："一千个天使中，若有一个作传话的与神同在，指示人所当行的事，神就给他开恩，说：救赎他免得下坑，我已经得到了赎价。"

至纯至善的人都比不上一个愿意忏悔的人。忏悔比一切都伟大。

如果一个人误解了别人，这个人不仅要去安抚被误解的人，还要为他祝福。

伤害了同伴的人必须主动说："我冒犯了你，是我的不对。"如果被冒犯的同伴接受了他的道歉，那是非常好的。如果被冒犯的同伴不接受道歉，那么伤害了别人的人应该找一些人来，一起劝他息怒。

一个面对自己的灵魂感到羞耻的人和一个只在同伴面前感到羞耻的人之间有很大的区别。

一次内心的自责比很多次别人的鞭笞更有效。

生命的本质

人出生时双手紧握，死亡时双手撒开。来到世上，他渴望抓住一切；离开世界，曾经拥有的一切都离他而去。

人就像狐狸。一只狐狸看到一处繁盛的葡萄园，就觊觎里面的葡萄，但栅栏板条之间很窄，狐狸过于肥大而无法钻进去。于是它开始禁食，三天后它变瘦了，轻松地进了葡萄园。它大吃特吃，忘记了明天，忘记了一切，只顾着享受。看，它又长肥了，以至于走不出这场宴席。于是，它又饿了三天，当它再次变瘦时，它顺利穿过栅栏，站在葡萄园外面，像它进来时一样瘦弱。

人也是如此，一无所有地来到世上，一无所有地离开。

亚历山大游荡到天堂的门口，敲门想要进入。

"谁在敲门？"守护天使问道。

"亚历山大。"

"谁是亚历山大？"

"亚历山大——亚历山大大帝——世界的征服者。"

"我们不认识他，"天使回答说，"这是主的门，只有义人才能进入这里。"

亚历山大乞求用一些东西来证明他已经到达了天堂大门，他拿出一小块骨头。他把骨头给天使们看，天使们把它放在天平的一个秤盘上，亚历山大则把金银倒入另一个秤盘，但骨头更重。他倒了更多，又加入了他皇冠上的珠宝以及他的王冠，但骨头依旧比它们都重。这时，一位天使从地上捡起一粒尘土放在骨头上，看，天平慢慢变平了。

这是一块人眼睛周围的骨头。人的眼睛，除了坟墓里掩埋它的尘土，没有什么可以满足它。

义人死去，大地遭损。宝石将永远是宝石，但它已经从原先的主人手中流失。失者落泪。

《圣经》上说，生命是飞逝的掠影。这并不是指一座塔或一棵树的影子——那种影子是可以短暂停留的，而是像鸟儿飞过时的影子。这种影子和鸟儿一起从我们的视线中消失，什么都不会留下。

生命对人来说不过是一笔贷款，而死亡是债主。

人出生时，大家都很欢乐；人离世时，全家都会悲痛。但真相恰恰相反，人们不应该为新生欢喜，因为谁也不知道他未来的命运和事业将会如何，不知道他将来是一个正直的人还是一个邪恶的人，也无法判断他将来是好是坏。从另一方面看，当人保持良好的名誉直到安详离世时，这才是值得欢呼的时刻。就像港湾里有两艘船舶，一艘出航，一艘归航。人们只为海上出航的船舶庆祝，而不理会归航的船舶。一位智者说："我的心情与他们相反。船舶出航你们不应该高兴，因为谁都无法预测它的命运，不知道它会经历怎样的风浪。而归航的船舶则证明它已安全返航，人们应该为它欢呼。"

乐于行善

一个人应该坚持的正确道路是什么？一颗善良的心献给天堂，一颗善良的心献给人类。

当你行善时，即使付出很多也应该认为不够，你应当说：我的行善并不是付出自己的东西，只是将别人对我的行善再转授出来。当接受他人的行善时，即使别人给得很少你也应当满足，要赞赏向你行善的人。当他人给予善意时，你不能说："这是因为我做了许多好事而应得的。"你要说："这是为了弥补我做过的错事。"当你作恶时，即使过错极小也要自惭形秽，你应当说：我妨碍了他人，我已犯下罪孽。如果你作恶极多，你就应该认为报应太少，你应当说：我只得到了很少的报应，未来的报应还会更多。

所罗门在他的《箴言》中这样教导人们：高龄的拉比们会被学生问到他们获得上帝青睐的原因。拉比内丘玛回答说，就他自己而言，上帝的审判依据三个原则，他按照这些原则来行事：

首先，他从未试图通过贬低邻人来提升自己的地位。

这与拉比亨纳树立的榜样是一致的。一次拉比亨纳在肩上扛了一把沉重的铲子，遇到了拉比乔阿纳，拉比乔阿纳认为这种负担有损拉比如此伟大的形象，坚持要他放下工具，帮他去扛。但拉比亨纳拒绝了，他说："如果这是你的日常工作，我可能会允许，但我决不会让别人来帮我做那些被视为低贱的工作。"

其次，他从来没有心怀对同伴的恶意睡去，他在睡前会这样祈祷："主啊！原谅所有伤害我的人。"

他毫不吝啬，以正义的约伯为榜样，圣人说他在买东西时拒收找回的零钱。

留意你家的门，不要在吃饭的时候大门紧闭，给乞讨者一些施舍，乐善好施才不会让你变穷。

我们应该打开自己的家门，让穷人也能成为家庭成员。当饥肠辘辘的人到你的餐桌上吃饭时，你应该感到快乐，因为这是一种福报，使你今生和来世的日子都可以得到延长。

有个拉比劝告他的妻子说："如果有乞丐来乞讨，你要给他一些面包。假如你的儿子沦落到这个境地，也会有人给他面包。"他的妻子大喊道："你这是在诅咒我们儿子!"拉比说:"世事无常。我们不应该拒绝别人的乞求,万一自己的孩子陷入贫困,他们也不会被人拒之门外。"

从施舍这一行为看,做慈善的人可分为四类:第一类人希望只有自己在施舍,别人不应施舍。这种人意欲独享行善带来的美名。第二类人希望别人施舍,而自己不施舍,这种人没打算真正行善。第三类人渴望施舍他人,也希望将施舍的善举传递下去,这是诚心行善的人。第四类人既不想自己施舍,也不愿意别人施舍。这就是恶人。

施舍不如仁爱,体现在三个方面:施舍只是金钱的馈赠,但仁爱是通过个人行动实现。施舍的对象只能是穷人,但仁爱可以延及富人。施舍只限于活人,仁爱却可以泽被死后世界。

只有带着仁慈的施舍才是完整的。

有个拉比看见一个人在大庭广众之下给了乞丐一个硬币,拉比说:"他得到了钱但丢了面子,还不如什么都不给他。"

拉比亚内看到一个人在公开场合施善时说:"你还不

如不施舍，如此公开施舍只会让穷人蒙羞。""一个人宁可被扔进烈焰熔炉中，也不要当众蒙羞。"

当你低调布施钱财时，死神对你的怒气便会消散。《圣经》里说："暗中送的礼物，可以平息怒气"。

救济的最好形式是暗中实施。赠送的人不知道谁会接受这份救济，接受的人不知道这份救济是谁给的。

如果常去探视病人，病人的症状至少会好转六十分之一。但六十个人一同去探视，也不意味着病人会就此痊愈。

拉比朱达说："直到所有仰赖他照顾的动物都得到满足了，他才可以坐下来吃饭。"

拉比约坎南说，如果我们对陌生人热情友善，就像我们早起学习律法一样，在上帝看来同样令人高兴。因为这样实际上是把他的律法付诸实践。他还说："凡是积极向同伴施善的人，他的罪过就被赦免了。"

借钱给穷人比施舍他们更好，因为可以避免他们因自己的贫穷感到羞耻，并且确实是一种更仁慈的施善方式。拉比们一直教导我们，仁慈不仅仅是悲悯的施舍，还是令人欣慰的话语和更多实质性的帮助。

借钱来救济穷人的人比施舍穷人的人伟大，而比这两种人更伟大的是与穷人合伙投资的人。

为了行善本身而去行善，不要把行善当作头顶的冠冕，或者是用来刨坑的铁锹。在困境里要信守《托拉》的智慧，不必强求洗刷耻辱。善恶终有报，这就是真理。

救济他人可以清除罪恶、摆脱死亡。施行正义之事的人将会生机勃勃。

做好这六件事可在今世享福并造福来世：款待陌生人，关怀病人，静心祈祷，早到学校学习，教育儿子学习律法，以及善待邻人。

有一次乌拉和拉夫查斯达一起出门游历，他们走到拉夫切纳·巴·切内莱房子的大门前。拉夫查斯达一看到房子就弯腰叹气。乌拉问道："你为什么叹气？正如拉夫所说，叹气会把身体分成两半，因为《以西结书》说：'所以人子啊，你叹气，你的腰就断了。'拉比约坎南说，叹气会粉碎整个身体，因为《以西结书》说：'他们问你为何叹息，你就说因为有风声灾祸要来，人心都必消融。'"对此，拉夫查斯达答道："我怎么能不为这所房子叹息呢？在这里，白天有 60 个面包师，晚上有 60 个面包师，为穷人和有需要的人制作面包。拉夫切纳的手一直放在钱袋里，因为他认为分秒的迟疑会使一个贫穷但自尊的人蒙羞。此外，他保持四门大开，每一扇都通往四分之一的天堂，如此所有人都可以进去并得到满足。除此之外，他还在闹饥荒的时候把小麦和大麦撒在外面，使那些羞于在白天接受施舍的人可以在晚上捡拾。但现在这房子已经破败不堪了，我难道不应该叹息？"

拉比阿基巴有一个女儿，占卜师说他的女儿必将在新婚夜死于毒蛇之口，阿基巴为此非常担心。到了新婚之夜，阿基巴的女儿摘下胸针随手扎在墙上，正好刺到一条毒蛇的眼睛。第二天摘下胸针一看，蛇已经死了。

阿基巴听说这件事，过来问她昨天都做了什么事。女儿说："昨晚有个穷人来乞讨，没有人理睬他，我就把你送的结婚礼物送给他了。"阿基巴说："你做了一件有功德的大好事。"

这之后，每逢布道时阿基巴就会说："施行正义之事可以助人脱离死亡。"

学问多过善行的人，就像一棵树，枝叶茂盛，但根基脆弱，一次风暴就会将它吹倒在地。善行多过知识的人，就像一棵树，枝叶稀疏，但根基强健，什么风都吹不倒它。

有一个十分富有的人，他很友好仁慈，并希望他的奴隶快乐。因此，他还给奴隶自由，并送给奴隶一船货物。

"去吧，"他说，"去到不同的国家，卖了这些货物，换得到的东西都是你自己的。"

这个奴隶在广阔的大海上航行，但他还没航行多久，一场暴风雨就把他淹没了，他的船被推到了礁石上，撞得四分五裂，除了他，船上的人都死了。他游到了附近的一个海岛上，悲伤绝望、一无所有的他准备横穿这个岛。直到他走到一个壮观而美丽的城市，许多人欢快地来到他身边，喊着："欢迎！欢迎！国王万岁！" 他们拉来一辆华丽的马车，将他扶进去，一路护送他到一座宏伟的宫殿，许多仆人围在他身边，为他穿上皇家服饰，恭迎他为他们的君主，并表示服从他的意志。

他感到惊奇和眩晕，认为自己在做梦，他所看到的、听到的和经历的一切都只是过眼云烟。等他确信自己目前状况是真实的，他对其中一些他有好感的人说——

"这是怎么回事？我无法理解。你们如此抬举和尊敬一个你们不认识的人，一个你们从未见过的可怜的、赤身裸体的流浪者，让他成为你们的统治者，这让我非常震惊。"

"陛下，"他们回答说，"这个岛由灵魂所居住。一直以来，他们向上帝祈祷，希望每年派一个人子来统治他们，而上帝也应允了他们的祈求，每年给他们送来一个人子，他们很荣幸地迎接他，并把他奉为国王，但他的尊严和权力也会随着这一年的结束而结束。一年后，皇家服饰将被夺走，他会被送到一艘船上并被带到一个巨大而荒凉的岛上，在那里，除非他有先见之明，提前为这一天做好准备，不然他既找不到朋友，也找不到臣民，不得不度过孤独悲惨、困顿潦倒的一生。然后新的国王到来，如此年复一年。在你之前的那些国王都麻木冷漠，沉醉于他们的权力。你要放聪明些，心中牢记我们说的话。"

新任国王认真地听着这一切，并为他浪费了一天感到悲哀。

他对智者说："哦，智慧的灵魂，请你告诉我，我怎样才能为将来的命运做好准备。"

对方回答说："现在你是国王，可以随心所欲做你想做的。你可以派工人到岛上去，让他们建造房屋，耕种土地，美化环境。贫瘠的土地将硕果累累，人们将前往那里生活，而你将为自己建立一个新的王国。当你在这里失去权力时，你的臣民将在那里高兴地迎接你。一年很短，而任务艰巨，因此你要好好努力。"

国王听从指导。他把工人和材料送到了那个荒凉的岛上，在他权力结束之前，这个岛屿已经成为一个繁荣而宜人的好地方。在他之前的那些统治者都恐惧地等待着他们权力结束的那一天，或者在纵情狂欢中逃避恐惧。但他期待着这一天的到来，因为他将开始他永远宁静和充满幸福的生活。

这一天终于来了。被立为国王的自由奴隶被夺去了权力。随着他的权力结束，他失去了他的皇家服饰，他被赤裸裸地送到一艘船上，小船扬起风帆驶向荒凉的岛屿。

然而，当他接近海岸时，那里的人正奏乐唱诵、怀着巨大的喜悦迎接他。他们推举他为王，此后他们一起生活在愉悦和平静之中。

仁慈的富人是上帝，他给予奴隶自由就是给予奴隶灵魂。奴隶到达的岛屿是今世。他赤身裸体，哭泣着来到他的父母面前，父母是居民，热情地迎接他，让他成为他们的王。那些给他指导的朋友则是他的"良心"。他的统治时间是他的寿命，荒凉的岛屿是来世，他必须用善行——"工匠和材料"来美化这个世界，否则就只能永远孤独悲凉地生活。

有一个人有三个朋友。其中一个他很喜欢，第二个他也很喜欢，只是没有第一个那么强烈，但对第三个他就很冷淡了。

某天，国王派了一个官员传话给这个人，命令他立即出现在国王面前。这个人听到传唤后非常惊恐，他怀疑可能有人在国王面前诬陷了他。由于害怕一个人去皇宫，他决定找一个朋友陪他一起去。首先，他向最喜爱的朋友提出请求，但那个朋友马上拒绝了他，并且没有为此作出任何解释。于是，这个人向第二个朋友提出请求，对方回答说——

"我可以和你一起走到宫门前，但我不会和你一起进去见国王。"

在绝望中，这个人向他的第三个朋友求助，就是那个总被他忽视的朋友。这个朋友马上回答他说："不要害怕，我会陪你一起去的。"

"不要怕，我和你一起去，我会为你辩护。我不会离开你，一直到你顺利脱离困境。"

"第一个朋友"象征着人的财产，在他死后就会被留下。"第二个朋友"是指陪着他直到死去的亲属，当土地覆盖他的遗体时，他们就分别了。"第三个朋友"是他一生中所做的善行，这些善行永远不会离弃他，而是陪伴他，并且站在万王之王面前为他辩护，他不看人情，也不接受贿赂。

我的祖先聚财是为了一己私欲，而我聚财在于帮扶天下。他们以暴力聚集金钱，我的善行可以抚平暴力；他们聚集的金钱不过是一堆死物，我的善行生生不息；他们聚集的是钱财，我聚集的是民心；他们聚的财产终将流散他人，我聚财是为了行善；他们的财富只是今世的短暂占有，我的财富能够世代传承。

这是关于拉比塔尔丰的故事，他非常富有，但却从未施舍过穷人。有一次，他遇到拉比阿基瓦，阿基瓦说："拉比，你希望我为你投资一两座城镇吗？""可以。"塔尔丰说。他立即给了拉比阿基瓦四千金币，拉比阿基瓦将这笔钱分赠给了穷人。过了一段时间，拉比塔尔丰遇到拉比阿基瓦，说："你为我买的城镇在哪里？"后者拉着他的胳膊，把他带到贝斯哈米德拉什，他们拿起诗篇诵读，一直读到这节经文："他分发出去，给了有需要的人，他的仁义永远长存。"拉比阿基瓦在这里停下来说："这就是我为你买的。"拉比塔尔丰向他行了吻礼。

Chapter 02

家庭与婚恋

爱情的真谛

所有依赖动机的爱，当动机消失了，爱情也就消失了。不依赖动机的爱，将永远存在。

当爱强烈的时候，我们可以容身于剑锋之上；但当爱减弱的时候，再宽的床对我们来说都不够宽敞了。

人的激情起初细如蛛丝，后来粗如电缆。因为有激情，人才会建造房屋，娶妻生子，从事工作。

所罗门王的女儿是个聪慧伶俐的美人儿。

某日，所罗门王梦见女儿将嫁给一个出身低微的男人，那男人无论如何也配不上自己的女儿。所罗门王为此欲与命运之神一较高下。

所罗门王把女儿带到一座岛上的离宫。这离宫高墙林立、重兵监守，将女儿软禁于此再安全不过。为了稳妥起见，他又取走了宫门钥匙方才离去。

与此同时，所罗门王梦中的那个男人流离转徙，正漂泊于荒野之中。夜间寒凉，为求一丝温暖他紧贴着死狮子的尸体入睡。正当此时，一只猛禽倏忽自头顶袭来，利爪抓起狮子的尸体连同皮毛下的男人，飞至监禁公主的离宫，才将其一并掷下。于是，男人与公主在离宫中相识相会，一见倾心坠入爱河。

爱情高于一切，把公主隔绝于荒岛之上幽禁于深宫之中也不过是徒劳无功。命运之神的安排不可违逆，此皆命中注定。

有一个男子与一名女子双双坠入爱河无法自拔。

男子日夜思慕着这名女子，渐渐相思成疾，于是他便找到医生看病。

让人没有想到的是，医生对男子说："你的病是由你的情欲造成的，是情欲让你每日郁郁寡欢因而身体不适，心病还需心药，你和你的爱人共度良宵，就能药到病除。"

男子听了医生的话后，有些犹豫，就找到了拉比，想让拉比教他该怎么做。拉比听了他的情况后表示坚决反对，告诫他千万不能为了一时的享乐，就把禁忌抛诸脑后。

男子不死心，问拉比："那能不能请她脱光衣服站在我的面前，以此消除我心中念想，医治我的病呢？"

拉比听了之后还是表示反对。

男子又问拉比："那让我和她面对面互相倾诉心里的想法可以吗？"

拉比还是认为不可行。

这名男子问拉比："您为什么如此严格地拒绝一切办法呢？"

拉比回答他说："只要是人就要遵守戒律，如果把相思当作借口，就这样随随便便发生男女关系，社会都会乱套的。"

放弃初恋的人在上帝的祭坛前洒下眼泪。

如果男人遇到女人时能感受到悲和喜的情绪，那么证明这个男人依然年轻。等他到中年，无论遇到怎样的女人依然会感到高兴。如果男人遇到女人时心如止水不觉悲喜，那就证明这个男人已迈入老年。

择偶标准

有些人为了美色而娶妻，有些人为了钱财而娶妻，有些人为了地位而娶妻，有些人为了信仰而娶妻。对于为了美色而娶妻的人，《圣经》里说："他们行事诡秘，多私生子。"对那些为了钱财而娶妻的人，《圣经》里说："到了月亏之日，他们与他们所造下的业必将消失。"月有盈亏，而钱财也终将散尽。那些为了攀炎附势而娶妻的人，终将失去高位。而那些为了信仰而娶妻的人，他们的子孙将成为以色列的救世主。

选择妻子时应该找一个身份地位比自己稍低的女性。因为要是结婚对象的身份地位比自己高，可能会被她或者她的亲属看不起。

为了女人的钱而娶她的男人，他的孩子会做出让他羞愧的事情。年轻人选择结婚对象不要只看样貌，更要看对方的家庭情况。

男人应该用一切财产换取与博学之士的女儿结婚的机

会。万一他将来死了或者被流放，他的孩子还能接受良好的教育。男人不要娶愚昧之人的女儿，万一他将来死了或者被流放，他的孩子便会成为一个文盲。男人应该用一切财产换取自己的儿女与博学之士的儿女结婚的机会，这就像将两株葡萄嫁接在一起，是可行的。如果让自己的儿子娶了愚昧之人的女儿，这就像把葡萄和浆果嫁接在一起，是行不通的。

选择妻子时不能匆忙。一个男人不能在不甚了解的情况下就娶一个女人做妻子，否则他日后会发现妻子有令人讨厌的地方。

娶比自己年龄小得多的人，或者娶比自己年龄大得多的人，都是不理智的行为。要娶一个年纪相仿的人，才有利于家庭和睦。

父亲不能将未成年的女儿嫁给别人，要等到女儿成年，能够表达自己想嫁给谁的意愿时，才可以为她举办婚事。

男人和女人的特点

男人把一生分为了七个阶段：

一岁是国王：众人像对待国王般服侍他，又争相哄骗逢迎。

两岁是猪崽：惯常在烂泥地里撒泼打滚。

十岁是小羊：爱笑爱闹，蹦蹦跳跳。

十八岁是马：年轻气盛，空有一身力量而见识短浅无谋略。

婚后是驴：家庭的重负压在肩头，哼哧哼哧迈不动脚步。

中年是狗：到处巴结讨好，也不过养家糊口。

老年是猴：如孩童般稚弱，却已是四海之内无人相对。

男人绝不可在路上尾随女性，即使是自己的妻子也不行。男人如果在桥上遇见女人，要站在一侧礼让，让女人先过去。尾随女人过河的男人没有来世。以付钱为条件，亲手把钱放到女人手中，就为了观赏她面容的男人终将下地狱，即使这个男人拥有《托拉》且如同摩西一般善良。戏谑和轻浮阻碍人成为正直的人。

男人不要跟女性过多闲聊，甚至包括自己的妻子、邻居的妻子。所以先贤圣哲们说，凡是有违这条的人，将会招致灾祸，荒废《托拉》的修习，最终会投身地狱。

一位皇帝曾经对拉比伽马列说："《圣经》上说'耶和华使他沉睡，他就睡了，于是神取下他的一根肋骨。'这个故事说明你的上帝是贼。"伽马列的女儿对父亲说："让我来说服他。"于是她对皇帝说："给我派个官员来，我想查一桩案子。"皇帝问："发生了什么事？"她回答说："晚上有个贼，偷了我的一只银罐子，却给我留下了一只金罐子。"皇帝大喊："哪有这样的好事？希望这样的贼都来光顾我。"她反问道："那第一个男人只是失去了一根肋骨，却获得了一位侍奉他的女人，这难道不是一样的好事吗？"

女人想要得到的东西是饰品，女人追求的事情是变得美丽。如果男人想讨自己的妻子欢心，就送给她好看的衣服。女人会这样打扮自己：用眼粉描绘眼睛，烫卷发，用腮红把脸蛋染得红润。拉比基斯达的妻子经常为儿媳化妆。拉比基尼那有次看见了，便对基斯达说："给年轻的女人化妆没问题，如果是给上了年纪的女人化妆，那就不行了。"

基斯达回复道："即使女人们已经快躺进坟墓时，上帝也允许你的母亲和祖母化妆。有句谚语说得好，六十岁的女人听到鼓乐后也会像六岁的孩子一样欢欣。"

当你轻易许下诺言，这无疑是在犯蠢。当你有不纯洁想法的时候，就容易受到邪说的蛊惑。当女性举止轻浮的时候，接下来就可能会做出淫荡之事。

不要沉溺在女人的温柔乡里。当然了，说的是自己的妻子，而不是其他的女人。

圣贤们说：沉溺在温柔乡里的人终究成不了英雄，会荒废学业，甚至还将下地狱。

一个老头是家里的麻烦，一个老妇是家中的财富。

婚姻的意义

没有妻子的犹太人没有欢乐，得不到祝福，没有任何好处。没有欢乐，正如《申命记》中所写："你和你的家人都应拒绝。"得不到祝福，正如《以西结书》中所写："她可使你的家人得到祝福。"没有任何好处，因为《创世记》中说："形单影只没有好处。"

有三样东西能使人的心灵平静：旋律、风景和芬芳之气。有三样东西能使人心智成长：一座好房子，雅致的家具和一位美丽的妻子。

如果一个男人对一个女人说："三十天后你与我订婚。"而在这期间，另一个人来与她订婚，那她就属于后来的求婚者。

如果丈夫拒绝履行结婚仪式、阳痿、无力或不愿意抚养妻子，法庭将采取强制措施，对丈夫施加压力，直到他说："我愿意与妻子离婚。"

和不贤良的妻子结婚的丈夫如同患上麻风病，只有和妻子离婚才能治好。

拉比教导我们，如果一个男人与妻子同居十年还没有孩子，他就应该与妻子离婚，并还给她法定的嫁妆，因为大家认为他可能不值得她与其建立家庭、生养后代。

当一个男人与五个女人中的一个订婚，却不记得是哪一个，这时她们每个人都有要求订婚的权利，那么他就有义务给每个人一份解除婚约协议书，并将一份彩礼分给她们五人。这个决定是拉比塔尔丰的意见，但拉比阿基瓦认为，他不仅要与每个人解除婚约，还要给每个人一份彩礼，否则他就没有担负起自己的责任。

如果丈夫在世，他的第一任妻子去世了，他所受到的打击就如同亲眼看着圣殿被毁灭。如果丈夫在世时，他的妻子（非第一任）去世了，他的生命只会变得暗淡一些。

幸福婚姻法则

每个人都应该小心，不要伤害自己的妻子，因为她的眼泪已经准备好了，她很容易受伤。

拉比们小心地告诫自己的女儿，要改掉可能降低自己在丈夫心目中地位的习惯，以免失去她们在少女时拥有的那种净化和提升心灵的力量。拉夫查斯达就是这样劝告他的女儿们的："你们在丈夫面前要谦恭，不要在他们面前吃东西。晚上不要吃蔬菜和枣子，不要碰烈酒。"

当夫妻俩来到拉比希蒙面前时，拉比以父亲的口吻对他们说："我的孩子，"他说，"你们不要在愤怒和争执中离婚，以免人们猜疑你们动机不纯或者犯了什么罪。你们的离别应当像初次相识一般友好而愉快。回家去吧，先准备一顿大餐，邀请你们的朋友一同享用，然后明天过来，我会批准你们的离婚申请。"听了他的教诲，他们回到家里，准备了一桌宴席并邀请他们的朋友一起玩，十分尽兴。"亲爱的，"丈夫最后对他的妻子说，"我们一起恩爱地生活了许多年，现在我们要分开了，这不是因为我们之间生了嫌隙，只是因为我们的婚姻没有被赐福。为了证明我的爱是不变的，我希望你一切顺利，你可以在这里选择你最喜欢的东西带走。"妻子以女性特有的机智迅速答应："当然好，我亲爱的！"愉快的夜晚就这样飞逝而去，推杯换盏之间，一切都很顺利，直到客人们一个接一个地醉倒，最后男主人自己也醉倒了。这些都是这位女士早已计划好的，只等着最后的结果了。她立刻召集了贴身女仆，让她们将男主人轻轻地抬去她父亲的房子。第二天早上，当他从昏迷中醒来，他惊讶地揉着眼睛。"我在哪里？"他喊道。"别紧张，亲爱的丈夫，"妻子出现在他面前，"我只是做了你允诺我的事。你还记得昨晚你在客人面前承诺，我可以从房子里带走我最喜欢的东西吗？可是那里除了你没有什么是我关心的。你是我的全部，所以我把你带到了这里。我在哪里，你就在哪里，除了死亡，没有任何力量可以将我们分开。"于是，两人按照约定回到拉比希蒙那里，说明他们改变主意，下定决心要继续结合。于是拉比为他们向主祈祷，然后他祝福了妻子，她从此就像丰产的葡萄藤，子孙满堂，光耀门楣。

老虎和羊关在一起，能够和平相处吗？答案是肯定不能。对于人来说也是同样的道理，如果婆婆和儿媳住在一个屋檐下，就会不可避免地因意见不合产生矛盾。

爱你的妻子如同爱你自己，尊重她胜过你自己。不结婚的人，活得没有乐趣。若你的妻子娇小，就俯身在她耳边说话。看见妻子亡故，就如同看见圣殿被毁。为钱结婚的人，其子女将被证明是对他的诅咒。

一个家庭的福气都来自妻子，因此丈夫应该尊重妻子。

男人应该当心，不要让女人伤心哭泣，因为上帝会计算她们的眼泪。

在男人和女人同时请求救济的情况下，后者应该首先得到帮助。如果没有足够的钱同时满足两者，男人应该欣然地放弃他的请求。

爱妻如己、敬妻胜己的人，能正确培养他的孩子。他也会做到这节经文所说："你要知道你的帐中有安宁，你要检查你的住处，必无遗漏。"

我从不称我的妻子为"妻子"，而是"家"，因为她确实是我的家。

一个年轻人在乡间游历时，遇到了一个年轻的女人，他们彼此产生了感情。当这个年轻人不得不离开少女所在的地方时，他们见了面互相道别。离别之时，他们承诺相互信任，并承诺等待彼此，过一段时间他们就结婚。"谁来见证我们的婚约？"年轻人说。就在这时，一只黄鼠狼从他们身边跑过，消失在树林里。"看，"他继续说，"这只黄鼠狼和身旁的这口水井就是我们订婚的见证人。"然后他们就分开了。几年过去了，少女坚贞地等待着，而青年却结婚了。他生了一个儿子，长大后为父母所喜。有一天，孩子玩累了就躺在地上睡着了。一只黄鼠狼咬住了他的脖子，他因流血过多而亡。父母悲痛欲绝，直到他们又生了一个儿子才从悲伤中走了出来。这个小儿子可以自己走路后，有一天在屋外游荡，弯腰在井边观察水中的影子，不小心失去平衡掉下去淹死了。这时，父亲想起了他的誓言，还有他的见证人——黄鼠狼和水井。他把这一情况告诉了妻子，她同意离婚。然后，他找到曾与他订下婚约的女子，发现她还在等着他回来。他告诉她，上帝如何惩罚他的过错，后来他们结婚，过上了平静的生活。

一位罗马的女士问拉比："神圣的上帝用几天创造了世界？"拉比说："六天。"女士又问："那剩下的时间上帝都在干什么？"拉比回答："在撮合姻缘。"女士说："这就是上帝的职业吗？我也会做。我有很多男女奴隶，不要很久，我也能让他们都凑成对。"拉比说："这件事看似简单，但即使是上帝做这件事，也比让他分开红海还要难。"拉比说完就走掉了。于是，这位女士叫来一千个男奴隶和一千个女奴隶，她命男女站成两行，然后一一配对。只用了一个晚上，这位女士就把两千名奴隶的婚姻安排完毕了。第二天，奴隶们却来找她，有人额头被打破了，有人眼睛被打伤了，有人腿被打断了。女士问道："你们怎么了？"有女奴隶说："我不要他。"有男奴隶说："我不要她。"这位女士立刻找到那位拉比说："你们的上帝果然厉害，你们的《托拉》所言非虚，你之前说的话确实是实话。"

丈夫应该将妻子视作圣洁的物品，禁止他人冒犯。

不道德的婚姻就像菜上长了虫子，终将让家庭分崩离析。

尊敬妻子能让生活变得丰富。男人要时刻给予自己的妻子应得的尊敬，因为家庭中的一切幸福依赖于你的妻子。

给妻子和孩子花的钱要多多益善，而男人自己吃喝享乐和穿衣打扮的钱则应该精打细算。因为男人依赖上帝，而他的妻子和儿女依赖他。

一对善良的夫妇离婚了。丈夫很快再婚，不曾想这位新嫁娘竟是个狠角色，凶恶之至。浸染久之，丈夫变得和新妻子一样凶狠。另一边，善良妻子改嫁的是个毒丈夫，这个原本恶毒的男人在妻子的感化下竟变成大善人。由此可得，世上无不受女人影响的男人。

梅亚是一位凭借讲道声名远扬的拉比，他每个周五都会在礼拜堂里为民众们讲道，来听的人非常多，其中有一名妇人非常喜欢听他讲道。但是一般情况下，犹太妇人需要在周五的晚上为第二天的安息日准备饭菜，这位妇女因为太喜欢听讲道，就把家务事先放下不管去听。

有一天，梅亚讲了很久，这位妇女也听得十分满足，当她回到家门口的时候，发现丈夫早已等在门口："明天就是安息日了，你不在家里准备饭菜，跑到哪里去了？"妇人回答说："我去礼拜堂听拉比梅亚讲道了。"

丈夫听了很生气，对她说："除非你敢往拉比的脸上吐口水，否则你就再也别想踏进家门。"

妇人没办法回家，只能暂时借住在朋友的家中。

没多久梅亚听说了这件事，他认为是自己的讲道实在太过冗长，才导致妇人的家庭关系破裂。于是他找来了那位妇人，跟她说自己的眼睛因为眼疾而疼痛："我的这个毛病需要用口水来清洗眼睛，只有这样才会好起来，所以请你帮助我一下吧。"于是妇人便向拉比的眼睛吐了一口口水。

这件事情之后，拉比的弟子问他："您的地位高贵，怎么能让一个妇人往您的眼睛吐口水呢？"

拉比回答他说："如果能让他们的家庭重归和睦，我应该尽我所能。"

未成年者、怀孕女性和哺乳期女性，这三类人都应该采取避孕措施。未成年者避孕是为了避免怀孕对身体造成致命后果，怀孕女性避孕是为了避免流产，哺乳期女性避孕是为了避免过早断奶令婴儿丧命。

育儿方法

不要把孩子禁锢在你的经验里，因为他们属于另一个时代。

指导一个孩子就是重新造就他。

对孩子食言会教孩子虚假。

绝对不可以威胁孩子，要么马上惩罚他，要么一言不发。

父母说话需要谨慎，因为孩子在外面说的话都是从父母嘴里听来的。

安息日下午，拉比迈尔在研习所上课时，他的两个儿子在家中死去。他的妻子将孩子们安置在床上，用白布盖住。拉比回家时，问孩子们在什么地方。妻子对他说："我问你，如果一个人托我们照看他非常重要的东西，现在他要将东西取回，你觉得我们要不要还给他？"拉比回答道："别人的东西当然要还回去。"妻子说："我在没有征求你的意见之前就已经还给他了。"她拉着丈夫的手来到房间，揭开了儿子们尸体上的白布。拉比看到后泪流满面，妻子说："你刚才不是说，别人委托保管的东西，当他要取走时就应该归还给他吗？"

"女儿是父亲的宝，因为担心她，父亲夜不能寐。在她小的时候，怕她被诱骗；在她还是处女的时候，怕她沦为娼妓；在她结婚的年龄，担心她结不了婚；结婚后，怕她没有孩子；再大一点，怕她变得邪恶。"

如果不惩罚犯错的孩子，他将会彻底堕落。但已经长大成人的孩子就不应该过分责罚了。另一方面，不要过分吓唬孩子，恰当的方式是恩威并施。对待女人也一样。

不可以中断孩子的教育，即使是为了重建圣殿也不行。孩子不学习的城市没有未来。

直到把孩子送去学校，父母才能开始吃早饭。

穷人家的孩子也应该接受教育，因为《托拉》是穷人家的孩子们传下来的。

六岁以下的孩子不可入学，六岁以上才可以入学，在学校里老师会像喂牛吃草一样向孩子讲授《托拉》。

长途跋涉的旅人在沙漠中走了很久，精疲力竭，口干舌燥，终于找到了一处长着树木的地方。

　　旅人摘了果子吃，喝了树边的水，然后在树荫底下小憩。没多久他不得不重新整装出发，因为他还有未走完的路。

　　然而此刻旅人对这棵树充满了感激，临走前他给予了这棵树祝福："大树呀，谢谢你！我不知道该如何报答你！我想祝你果实甘甜，可现在你的果实已经十分甘甜了；我想祝你树荫清凉，可你的树荫已经让人感到非常凉快了；我想祝你水源充足更加枝繁叶茂，可你已经拥有十分充足的水源了。所以，我只能衷心地祝福你硕果累累，希望这些果实的种子也能长成茂密的树林，每一颗都像你一样茁壮成长。"

　　当你临别前想要给予他人祝福，虽然可以祝他聪明伶俐，但他已经冰雪聪明；虽然可以祝他财源滚滚，但他已经富甲一方；虽然可以祝他成为人人称赞的好人，但他已经众口交赞了，所以此时你祝福他"子孙贤孝，干霄凌云"——这才是最聪明的祝福。

什么才是真正的孝顺

拉比说："人有三个朋友：上帝，父亲和母亲。尊敬父母的人就是尊敬上帝。"

拉比犹大说："言行合一是人存在的方式。母亲用亲切的话语温柔地哄孩子，增进感情并获得人母的光荣，因此，《圣经》上说：'尊敬你的父亲'排在'尊敬你的母亲'之前。但至于敬畏，由于父亲是孩子的导师，教给孩子律法，因此《圣经》说的'每个人都要敬畏他的母亲'排在'父亲'一词之前。"

拉比乌拉曾经被问道："对父母的尊敬应该持续多久？"

他回答说——

"听着，让我告诉你们，尼西纳的儿子达玛，一个异教徒，是如何细心履行这一义务的。他是一个钻石商人，圣人想从他那里购买大祭司肩章上的宝石。他们到他家时发现存放钻石的保险柜的钥匙在达玛父亲手里，而他正在睡觉。这个儿子拒绝叫醒他的父亲拿钥匙，即使圣人已经不耐烦了，并提出比定价更高的价格。当他的父亲醒来，把钻石交给来者，而他们给了他前面提到的更高的价格，他从中取出了他所定价格的金额，并把余额退还给他们，说："我不能利用我父亲的名誉来获利。'"

拉比奇亚断言，上帝更喜欢孝敬父母的人，而不是尊敬他的人。他说："经上写：'你要用你的财富尊敬主。'怎么做呢？通过慈善、善举、贴安家符、在苏克西节期间为自己做一个会幕等等，如果你有能力，这些你都可以做。如果你是穷人，不做不算是罪，也不算是疏忽。但经上说：'你要孝敬你的父母。'这个义务对富人和穷人的要求是一样的，是的，甚至你要挨家挨户地为他们乞讨。"

拉比阿巴胡说："阿比尼，我的儿子，在他应该履行义务的时候已经遵守了这条戒律。"

阿比尼有五个孩子，当他在家里时，他不会麻烦孩子们去给他们的祖父开门，也不会让孩子去照顾祖父。正如他希望自己被儿子们尊敬一样，他也尊敬他的父亲。有一次，他的父亲向他要了一杯水。他去买水的时候，老人睡着了，当阿比尼再次回到房间，他站在父亲身边，手里拿着杯子，等着父亲醒来。

"什么是恐惧？""什么是尊敬？"拉比问。

敬畏你的母亲，敬畏你的父亲，不要坐在他们的座位上，不要站在他们的位置上。专心聆听他们说的话，在他们讲话时不要打断他们。要加倍小心，对他们的话不要妄加评判。

尊敬你的父亲和母亲，在他们需要之时照顾他们。他们做不动时，你要照顾他们吃喝，给他们穿衣服，帮他们系鞋带。

约凯的儿子西门说："尊敬父母的人得到的回报是巨大的，对那些忽视这一戒律的人的惩罚也同样巨大。"

孝顺父母是不讲条件的，不管你是否富裕，你必须遵循这一律法。哪怕你不得不去外面乞讨，也必须赡养父母。

当一个人孝顺父母时，上帝会感同身受，并为此感到高兴。当一个人忤逆父母时，上帝也会感同身受，并为此感到伤心。

有人问拉比："孝顺父母要到什么程度？"拉比回答："即使你父亲当着你的面故意把一袋钱币丢进海里，你也不能对他不敬。"

有个人是市政府的议长，他的母亲精神上有缺陷。有一次，当着所有参议员的面前，他母亲拿鞋子朝他脸重重掷过去，然后鞋子掉到地上。为了避免母亲弯腰去捡鞋子，他亲自去捡起来递给母亲。还有一次，他穿着绣金的衣服和罗马的贵族坐在一起，他母亲过来扯他的衣服，扯他的头发，朝他的脸吐口水，但是他仍然甘心承受。

从前有一名男子端了一只肥美的鸡请自己的父亲享用，父亲问他："这鸡是从哪里来的？"这名男子不耐烦地回答父亲说："您不用管那么多，尽管享用就是了。"

还有一名男子，他在磨坊工作，有一天国王下令征召国内的磨坊工人，于是这名男子交代父亲帮忙料理一下磨坊，自己便出发到城中接受国王的征召。

看到这里的人们，你们觉得这两名男子作为儿子，谁应该上天堂，谁应该下地狱呢？

第二名男子知道被国王征召干活的工人，一定是会被任意使唤，甚至被殴打虐待，工作期间也没有什么好的伙食，所以他自己接受征召，让父亲留在家中。他死后能够上天堂。

把肥美的鸡给父亲享用的那名男子，父亲问他问题时他却敷衍了事，态度轻慢，他死后应该下地狱。

所以，孝顺不是看给了父母多少东西，而是看能不能以真诚的心对待。

有句谚语说："一个父亲愿意抚养十个儿子，但十个儿子不愿意赡养一个父亲。"

如何定义亲情

从前以色列有两个兄弟，哥哥已经结婚还有了小孩，弟弟依旧单身。父亲去世后，两人共同继承家产，成了种田的农民。

白天两人收获的苹果和玉米被均分成两份，纳入各自的仓库里。到了晚上，弟弟心想，哥哥要养家糊口，负担比较重，应该把自己得到的果实拿出一点来给哥哥才对。打定主意后，弟弟便偷偷地放了大量果实在哥哥的仓库里。

同时，哥哥也在想，自己有孩子，日后老有所依，而弟弟尚未成婚，必须要为将来做打算才行。所以，哥哥也趁晚上偷偷将自己的一部分果实搬进了弟弟的仓库里。

第二天早上，兄弟俩起床后都到对方的仓库里查看，却发现里面果实的数量跟昨天一样并未增加。

于是，当天晚上和次日晚上，两人又重复地相互搬运果实，如此持续了三个晚上。

到了第四个晚上，就在两兄弟互相搬运果实时，他们不期而遇，这才知道，原来两人居然想到一块去了，都在为对方着想。兄弟俩不由得放下手里的果实，相拥而泣。

所罗门王以聪明绝顶闻名于世。某天两位犹太女子带着一个小孩前来觐见，双方都宣称这个孩子是自己的，两人各执一词，只好前来请求裁决。

所罗门王调查了事情的来龙去脉后，依然无法确定孩子到底是谁的。根据犹太人的惯例，当一件东西无法分清所有权的归属时，通常会采取平均分配来解决争端。于是，所罗门王命令武士用刀将这个孩子劈成两半。

听到这，其中一位母亲立即发疯一样大声哭喊，并愿意将孩子让给对方，所罗门王当场宣判："你才是这个孩子真正的母亲。"

一对夫妻有两个孩子，其中一个儿子是妻子和别的男人的私生子。

某日，丈夫无意中听到妻子正在跟别人说两个孩子中的一个有另外的生父，可是他却无法分辨究竟哪一个才是自己真正的孩子。后来丈夫身患重病，临死前立下遗嘱，指明要把自己全部的财产交给自己真正的孩子继承。

丈夫过世后，这份遗嘱交给拉比处理。于是拉比必须分辨出哪一个孩子是真正具有继承权的。拉比把两个儿子带到父亲的墓前，要他们拿着棒槌用力击打墓碑来羞辱陵墓。其中一个儿子立马哭泣说："这种羞辱父亲陵墓的行为，无论如何我都下不了手！"拉比终于判定出，不忍心击打陵墓的才是他真正的儿子。

什么才是健康的生活

吃过早餐的人，可以在比赛中超过六十名没有吃早餐的选手。

干净的肉体才能产生纯洁的灵魂。

在给学生完成授课之后，希勒尔陪着学生走了一段路。

学生问他："老师你要去哪？"希勒尔说："我要去履行一项宗教责任。"学生问道："什么宗教责任？"希勒尔回复："到浴室洗澡。"学生好奇道："洗浴也是宗教责任吗？"希勒尔回复说："如果有人被派去清洁建造在剧院门口和广场上的国王雕塑，他不仅能得到钱还能结识贵族。那么我清洁自己这个按照上帝的形象创造出来的身体也是很有必要的。"

出于对上帝的尊敬，人应该每天洗脸、洗手、洗脚。拉比阿基巴被罗马人监禁的时候，卖面粉的拉比约书亚每天都带一盆水进监狱看望阿基巴。有一天，狱卒认为约书亚带的水太多了，怀疑他企图用水打出一个地洞帮助犯人逃跑，于是狱卒将水倒掉了一半。拉比阿基巴看到只剩一半的水说道："你难道不知道我已经老了，离不开你带来的东西吗？"约书亚说出缘故，阿基巴说："给我水，我要洗洗手。"另一名囚犯大声喊道："这就不够喝了呀！"阿基巴回答说："既然不洗手的人都该死，那我也只能如此，我宁愿渴死，也不能违背我和我同仁们的观点。"据说，在把手洗干净之前，阿基巴没有喝一滴水。

生病时出汗、洗浴时出汗和劳动时出汗，对人类的健康大有裨益。在生病时出汗可以治疗身体，在洗浴时出汗则畅快无比，在劳动时出汗有利于排出浊气。

唉声叹气有害身心健康。

之所以会有夜晚，就是为了睡觉。如果一个人说，"我可以三天不睡觉"，他将受到严厉的惩罚。

人在肚子饿的时候，会感到心慌意乱；人在吃饱喝足以后，会感到气定神闲。

如果一个人只吃饭不喝水，那他吃下去的东西会变成血，这是消化不良的起因。如果一个人吃完饭后不散散步，那么他吃的饭会腐烂在胃里，变成口臭的源头。如果一个人在吃饭的时候就要去厕所，这就像是炉灰还没清除干净就要生火，这是身体产生异味的开始。

Chapter 03

劳动与财富

生财有道

对待金钱的正确态度是，你要学会诚信地买卖，你的"不"就是"不"，你的"是"就是"是"，并尽可能变得乐善好施。"自由之人要先自立才能自足"。

一个国王进口了一些货物，当他们经过海关时，他的官员被要求停下来支付应缴的关税。

他的随从非常惊讶，对他说："陛下！所有税款最后都是您的，为什么您还要向自己的国库缴纳税款呢？"

"因为，"国王回答说，"我希望旅者们从我的以身作则中学到，缺乏诚信是多么可恨。"

菲尼斯居住在南方的某座城市，一天，来访的一群人把他们带来的大麦遗落在了菲尼斯家，于是菲尼斯把这些大麦种在地里，每年都把收获的粮食储存起来。直到七年之后，那些人又回到了城中，菲尼斯认出了他们，并将保存的大麦都还给了他们。还有一次，拉比西蒙从一个阿拉伯人手里买了一头驴。驴子拉回来后，他的学生发现驴脖子上挂着一块宝石，他的学生笑着说："'耶和华的赐福让人富足'这句经文在拉比身上应验了。"西蒙摘下宝石说："我买的是驴，不是宝石。快把这个东西还给那个阿拉伯人。"

如果你愿意扛起重物，那么我也愿意和你一起；如果你不想，那我也不愿。

两个人总比一个人好。

两个火把可以更快地引燃一块木头。

两条狗，总是争执不休。但是，当狼扑向一方时，另一方就会想："如果我今天不帮助我的邻居，明天狼攻击的就是我。"于是，这两条狗团结起来，将狼杀死。

一个人应该把他的资产分成三部分，三分之一投资土地，三分之一购买商品，三分之一作为现钱。

假如你有幸得到了钱财，应该多行善事。趁你的钱财还在你的手上，应该考虑今生和来世，因为钱财有翅膀，随时都可能飞走。就像《圣经》里说："你一定要定睛在虚无的钱财上吗？因钱财必长翅膀，如鹰向天飞去。"

所罗门建造圣殿的时候，向上帝祈求说：宇宙的君主！如果有人向你祈求财富，而他的心里想滥用这笔财富，那么请您不要赐予他。如果此人用财有道，您就恩准他的请求。就像《圣经》里说的那样："你是洞悉人心的，要依照每个人的言行对待他们。"

空中的鸟儿蔑视守财奴。

《圣经》认为用放债来谋取利益的人犯了世界上的所有罪恶。经文上说，从借钱的人身上赚钱，从借粮的人身上赚粮食，这样的人罪大恶极，不配活在世界上。

仆人们受邀参加国王的晚宴，却无人知晓晚宴召开的时间。

机灵的仆人心想："既然是国王的晚宴，那么随时都有可能召开，我必须提前做足准备以待赴宴。"

愚笨的仆人却相反，他认为："国王的晚宴是多么隆重哇，一定需要时间好好准备！现在谈论召开时间太早了！"

不日，晚宴就出人意料地宣告召开了，机灵的仆人早已准备妥当，即刻兴高采烈地进宫赴宴。那愚笨之人却失了先机，没赶上时间，只能白白错过这豪华盛宴。

普通百姓不知何时能承主上恩遇，只有每日修身洁行做好准备，才不至在恩典降临时手忙脚乱错失良机。

一个聪明的以色列人，住在离耶路撒冷较远的地方，他把儿子送到圣城去接受教育。之后他生了一场大病，临终之际儿子不在身边，他立下遗嘱，将所有的财产留给他的一个奴隶，前提条件是他的儿子可以选择任何他喜欢的物品作为遗产。

主人一死，这个奴隶为他的好运欢欣鼓舞，急忙赶到耶路撒冷，把发生的事情告诉已故主人的儿子，并给他看了遗嘱。

这个年轻人听闻消息十分震惊和悲痛，丧期过后，他开始认真考虑自己的处境。他去找到老师向他说明情况，在老师面前宣读了他父亲的遗嘱，并流露了自己的痛苦，因为自己合理的期望落空了。他想不出自己有什么地方得罪了父亲，于是大声抱怨不公。

"别说了，"他的老师说，"你的父亲是个有智慧、有爱心的人。这份遗嘱证明了他的善良和远见。愿他的儿子在自己的时代也能证明自己的智慧。"

"什么？"年轻人反驳道，"我看不出他把自己的财产赠予一个奴隶有什么智慧，也看不出他对自己唯一的儿子有什么感情。"

"听着，"老师答道，"如果你有足够的智慧来理解他所做的，你就会明白你的父亲实际上保护了你的继承权。当他感到死亡逼近之时，他是这样想的：我的儿子不在身边，我死后，他不会在这里代替我工作。我的奴隶会掠夺我的财产，为了争取时间，甚至会向我的儿子隐瞒我的死亡，也就没人为我哀悼。为了防止这样的事发生，他把他的财产遗赠给了他的奴隶，他清楚地知道，这个奴隶为了表面上的利益，会及时给你报信，并管理好这些财产，就像过去那样。"

"好吧，好吧，但这对我有什么好处？"学生不耐烦地打断了老师的话。

"啊！"老师回答说，"我看年轻人你还不够聪明。你难道不知道奴隶所有之物都属于他的主人吗？难道你的父亲没有给你留下权利，从他的所有财产中选择一样东西作为你自己的财产吗？你可以拣选这奴仆为你所有，你若得了他，就等于得到你父亲的一切。这是他的明智爱心之举。"

年轻人听从了他的建议，并在从奴隶那里夺回财产之后给了奴隶自由。但从那以后，他经常感叹——

"年长智慧生，日久悟力增。"

众人聚集的时候，你要回避；众人离散的时候，你要团结。

在你是唯一的买主的时候去买，其他买主在场的时候保持沉默。

错把树枝当成树，把幻影当成真实的人是不幸福的。

贫穷与富贵

一个饥饿的人看着别人吃东西的时候，他的牙齿将承受六十种不悦。

富贵的门前，座无虚席；苦难的门前，门可罗雀。

如果没有余钱，在安息日这一天宁可过得跟平常一样，也不要向别人乞讨。

阿拜伊说："当我离开拉巴时，我一点也不饿。但我到达梅里时，他们在我面前摆了六十道菜，有许多不同种类的点心，我每道都吃了一半，甚至最后一道菜中的大杂烩，我全吃了，恨不得把这整道菜都吃了。" 阿拜伊说："这印证了民间流行的一句谚语：'穷人饿习惯了，不知道饱是什么感觉，总觉得还可以再多吃一点。'"

玛乌克瓦有一个习惯，就是在赎罪日给他的一个贫穷的邻居送去四百兹姆。有一次，他让自己的儿子去送钱，他却带着钱回来了，他说："没必要施舍一个沉醉于昂贵老酒的人，这是我刚刚亲眼所见。""好吧，"玛乌克瓦说，"既然他的品位如此之高，那么他的生活肯定比以前过得更好了。今后我将加倍给他。" 于是，玛乌克瓦立即将这笔钱拿给了他的邻居。

有一次拉比卡哈纳在集市偷东西时被抓了现行，他恳求对方放他一马，他答应对方会回来。但他没有，他爬上屋顶一头栽了下去。就在他摔到地上之前，以利亚接住了他，并责备他。此举令以利亚赶了四百英里才救他于自我毁灭。卡哈纳告诉以利亚，是贫穷使他被罪恶引诱，于是，以利亚给了他一个装满金币的器皿就离开了。

有一次，老底嘉人派了一个代理到耶路撒冷去购买价值百万的油。他先去了推罗，然后去了古什哈拉布，在那里他遇到了一位正在栽种橄榄树的油商，便问油商能否提供价值百万的油。油商回答说："等我做完我手头上的事再说吧。"这人看那油商衣着普通，并且还在淡定地继续干活，于是满腹狐疑地小声咕哝着："什么！你真有价值百万的油卖吗？你这犹太人肯定是想捉弄我。"但他还是等油商干完活，然后跟随油商一起回到屋子里。这时，一个女奴为商人送来了热水，为他洗手洗脚，之后又端来一个金盆让他把脚泡在里面。他们用餐后，油商给他量出了价值百万的油，然后问他是否还要购买更多的油。"是的，"代理人说，"但我这里没有更多的钱了。""不要紧，"油商说，"买吧，我和你一起回你家取钱。"然后他又量出了价值十八万的油。据说代理人雇了整个以色列所有的马、骡子、骆驼和驴来运油，在回城的时候，人们都出来迎接他，称赞他为他们所做的事。"先不要赞美我，"代理人说，"现在我欠我的这位同伴十八万。"正如《箴言》中所说的："有的人看起来富有，却一无所有；有的人看起来贫穷，却十分富足。"

所有慈善事业中最崇高的是使穷人能够谋生。

能从自己的财富中获得快乐的人才是富人。

不可贪婪

有位商人独自来到镇上，听说几天后有个拍卖大会，便决定停留几天等待竞拍。

然而商人身揣巨款，担心放在身边不安全，便找了个偏僻的地方埋起来。第二天，商人又来到埋钱的地方查看，赫然发现钱财都不见了。他左思右想，怎么也想不明白，没有人知道自己埋钱的地点，为什么钱会不翼而飞？

　　就在商人百思不得其解时，他发现不远处有一户人家，而房子的墙壁上有个洞。他想一定是住在这间房子里的人透过洞窥探到了自己埋钱，等他离开后，偷偷出来把钱挖走。

　　于是，商人决定登门拜访。他见到屋子里住着的男人，说："您住在城市里，见识渊博，一定非常聪明，有件事我想向您请教。此次我是来镇上进行采购的，我带了两个钱包，一个装着五百个银币，另一个装着八百个硬币。我已经把小包暗地里埋在某个地方，接下来大的钱包是不是也应该埋起来呢？还是应该寄存在某个值得信赖的人那儿比较稳妥？"

　　男人回答道："如果是我的话，谁也不信任。最好把那只大的钱包也埋在以前埋小包的地方。"

　　商人假装告辞离去，贪心不足的男人立刻把自己挖出来的钱包放回原来埋藏的地方。商人一路跟着他，等他离开立马把钱包挖出来，平安取回了丢失的钱。

贪婪之人失去财产有四个原因：他们拖欠雇工的工资；他们完全忽视自己的福祉；他们逃避困难，把责任交给他人；还有骄傲，这一项和其他所有事情加起来一样糟糕。

安息日这天，三个犹太人结伴前往耶路撒冷。由于当时没有银行，三人便将随身携带的财物埋在一起。谁知其中一人心怀不轨，趁其他人不注意，偷偷回到埋钱的地方，盗走财物。

事情发生后，三个犹太人一起去见以聪明闻名于世的所罗门王，恳请他主持公道，判决出到底是谁偷走了财物。所罗门王听后便说："你们三个都是具有聪明智慧的人，希望你们首先帮我评判一个困扰我的问题，然后我再帮你们做出判决。"

——有个年轻女孩答应嫁给某个男子为妻。没过多久，女孩移情别恋了。她约见之前有婚约的男子，提出分手，甚至表示愿意付给男子补偿金。男子听后同意了解除婚约，但他拒绝接受补偿金。

后来，女孩因为很有钱，遭遇一个老人的绑架。她向老人哀求道："曾经我跟未婚夫解除婚约，他拒绝接受补偿金，无条件还我自由。你也应该同样对我才是啊！"于是老人同意分文不取还她自由。

故事说到这里，所罗门王问三个犹太人，究竟谁的行为最值得称赞？

第一个犹太人说："和那位女孩有婚约却能释怀并拒收补偿金的男子最值得称赞。他不但没有勉强女孩跟自己结婚，甚至连补偿金也不肯接受，所以最值得称赞。"

另一个犹太人说："不对，那名女孩才最值得称赞。她鼓起勇气跟未婚夫解除婚约，然后与所爱的男人结婚，这种行为才是最值得称赞的。"

第三个犹太人说："这个故事荒唐至极，莫名其妙。从那个老人来说，既然为了钱绑架女孩，哪有不拿赎金就还她自由的道理？这个举动完全不合逻辑！"

所罗门王听后大声喝道："你就是窃取钱财的犯人！另外两位听后，马上被世间真诚的爱与人情世故所感动，只有你在考虑钱财的事。所以，你一定就是窃贼！"

有这样四种人：说"我的是我的，你的是你的"，这是普通的人。说"我的是你的，你的是我的"，这是愚昧的人。说"我的是你的，你的还是你的"，这是虔诚的人。说"你的是我的，我的还是我的"，这是邪恶的人。

克制和善良让人的生命充满美好，贪婪与放纵则会让生命提前消逝。

贪恋财利的人，终将被他所贪恋的东西夺取性命。

享受劳动的乐趣

享受劳动的人比一个虔诚却懒惰的人更伟大。

尽管我们受命学习上帝的律法，但我们不能将之视为一种负担；同时我们也不能因为学习而疏忽其他应尽的责任或放弃适当的娱乐。"为什么，"一个学生问道，"就像'你要按节令采摘玉米'是《圣经》的戒律吗？难道人们不会在玉米成熟时理所当然地去采摘它们吗？这个戒律显然是多余的。"

"不是这样的，"拉比回答说，"玉米也可能属于一个为了学习而忽视工作的人。在上帝看来，工作是神圣的、光荣的，他不会让人为了研究他的律法而忽视自己的日常职责。"

最好把学习和工作结合起来，二者的结合能让人忘掉罪恶。而只学习不工作的话终将一事无成，甚至走向犯罪。

上帝与我们签订的盟约中包括工作。因为有"工作六天，第七天休息"的命令，"工作"是"休息"的前提条件。

岁月如梭，任重道远。不要再懒散了，劳作的报酬是丰厚的，人在做，天在看。

即使你的责任不是把所有的工作做完，也不能随便地半途而废。

我们用来购买房产、家具或者牲畜的钱，不能是出卖自己换来的。

自食其力才能心安理得。即使是靠亲人养活，也会心有不安，更不要说靠外人了。

即使去做一个屠夫，也应该自食其力，不要说"我是大人物，不干这种有失身份的工作"。

一位拉比反思道："亚当为了一个面包付出了多少

劳动！他耕地、播种、收割……烘烤，然后才能吃到面包。而我一起床，面包就摆在我面前了。亚当为了一件衣服付出了多少劳动！他剪毛、洗毛……编织，然后才有衣服穿。而当我起床的时候，衣服就摆在我眼前了。这就像所有的工匠都站在了我的面前，所以我起床后什么都有了。"

劳动能给劳动者带来荣誉，劳动是伟大的。《圣经》上说："所以你要挑选生命。"指的是人要挑选赖以生存的劳动技能。

闲散的人容易思淫欲，心安静不下来。

我们有义务教会自己的儿子一门手艺，不教手艺的话就相当于让他做贼。有手艺的人就像一座有围墙的葡萄园，他的葡萄硕果累累，但是别人看不见也偷不到，牲畜和野兽进不来。没有手艺的人就像一座围墙破了的葡萄园，他的葡萄会被别人看到并且偷吃，野兽和牲畜也能钻进来偷吃。

有一次天下大旱，拉比们派了两位代表去拜见周尼的孙子阿巴·希米迦，请求他祈雨。两位代表没有在家里看到阿巴，而是在田边碰见正在劳作的阿巴，他们打了很多次招呼，阿巴都不理会他们。晚上，阿巴回到家里，两位代表问："为什么白天的时候你完全不理会我们的招呼？"阿巴说："因为白天的时候我为别人干活，我没有权力中断我的工作。"

有一次马戈尔人乔尼在游历中看到一个老人在种植角豆树，他问老人这棵树什么时候会开花结果。回答是"七十年后"。"什么？"乔尼说，"你指望自己再活七十年来品尝劳动成果？""我来到世上的时候，发现世界并不是荒凉一片的，"老人说，"在我出生前，我的祖先为我种下树，所以我也为我的后代种树。"

Chapter 04

知识与教育

圣贤的标准

成为贤哲的七个条件——

在先贤圣哲聚集的场合里能保持沉默。

不打断别人说话。

回答问题从容不迫。

提问题时切中要害，回答问题条理有序。

做事时懂得轻重缓急。

不知道的事情就是不知道，不要不懂装懂。

承认实践是检验事情正确与否的标准。

什么人能称作圣贤？圣贤就是愿意向任何人求教的
人。《圣经》里说："我比我的老师们更通达。"什么人
能称作强者？强者就是能克制自己欲望的人。《圣经》里
说："不轻易发怒的人比勇士还厉害；可控制自己情绪

的人，比攻克城池的军队还强大。"什么人能称为富人？
富人就是能知足常乐的人。《圣经》里说："你享用自
己辛苦劳动所得的收获，就会享福，事事顺利。"什么
人能称作尊者？尊者就是能尊重他人的人。《圣经》里
说："我尊重那些尊重我的人，藐视那些藐视我的人。"

圣贤应该慎言。或许你们会因为不当言语被流放。你
们会被流放到流淌着恶水的地方，追随你们而来的门徒会
因为喝了水而死去，上帝的名誉也会受到玷污。

应该让你的家成为圣贤们聚会的场所。对他们要以礼
相待，要像尘埃一般俯身在他们脚边，以尊重和倾听的姿
态学习他们的思想和谈吐。

要当被圣贤认可的好学生，就要保持谦卑、勤奋、好
学，克制欲望，赢得他人的爱戴。他对家人谦让、害怕犯
罪，善于依据言行来判断一个人。他说："今生今世的万
物，没有一样东西是属于我的，因为今生今世本身就不是
我的。"他坐在圣贤们的脚边，专心学习。没有人能在他
身上窥探到一丁点邪恶。

在圣贤面前，应当安静地倾听其谈话。不要急着接话，要在回答问题前仔细思考。依照先后顺序依次作答。要承认真理。不要在比你更有智慧的人面前妄语。

尊重你朋友的名誉就像尊重你自己的名誉。不要随意发怒。即使明天就要死去，今天也不要忘了忏悔。圣贤就像一团火光，你可以向他取暖，但同时也要小心，避免被其灼伤：因为他们的撕咬像狐狸，他们的刺像毒蝎，他们的嘶鸣像毒蛇。他们的一切言论，都像是灼热的火炭。

圣贤的门徒必备十五种特点：出入讲究礼仪，坐立懂得谦让，对罪恶保持警惕，精通学问，明辨是非，知识广博，回答问题前深思熟虑，提出问题时能切中要害，回答问题时有理有据，善于充实自己，积极求教，学习了知识能够教导别人，掌握了知识能够应用到实践当中，经常参加讨论，经常在圣贤身边服务。

贤哲的门徒可以通过四个方面来分辨：看他口袋里的钱有多少，看他饮酒的方式，看他是否容易发怒，看他的穿衣打扮。有人说，也可以通过他的言论来分辨。

圣贤门徒应当吃饭有礼节、喝酒有礼节、洗浴有礼节、抹香膏有礼节、穿鞋有礼节、行房事有礼节、走路有礼节、装扮有礼节、讲话有礼节、行善有礼节。就像养于深闺的新娘，只有在出嫁时才能抛头露面，并说："谁有证据指责我不纯洁，可以当面对质。"圣贤门徒对自己所行的善事，也应当低调谦逊。要真理，不要谎言；要诚信，不要欺诈；要和平，不要战争。

门徒之间的区别有：一个是学而不教，一个是教而不学，一个是既学也教，一个是既不学也不教。

知识的重要性

即使坚果的壳被弄脏了，内在的东西仍然是有价值的；同样，如果一个学者犯了罪，他头脑里的知识仍是宝贵的。

国王的葡萄园里浓荫匝地，硕果累累，园丁们手执农具的埋头耕种，防病除害的仰天喷施，汗水于静默中挥洒。在这众多的园丁中，独有一位园丁才能绝伦、卓尔不群，在国王御驾亲巡葡萄园时与之同行，徜徉于花果芬芳之中。

根据犹太传统习俗，工资应以钱币日结。

所以，每当结束一日的繁重劳作，园丁们就会像往常一般排起长队领取工资。每个人的每日所得都一样，谁也不多一分谁也不少一毫，在这绝对的公平之下，人人心满意足，谁也不去嫉妒谁。唯独那位杰出的园丁拿着相同的工资，却引起众怒。园丁们义愤填膺，集体涌向宫廷向国王讨要说法："凭什么？那人除了陪同陛下在园中漫步，余下工作时间不过两小时！他凭什么和我们拿一样的工资？此事太不公平了！"国王听闻控诉，不屑一顾道："你们只能看到自己花费一整天的功夫才完成的工作，看不到他在两个小时之内完成的工作，那可比你们的工作繁重困难多了，你们有什么资格抱怨呢？"

从前有一位知识渊博但长得十分丑陋的拉比。有一天，这位拉比前往王宫参见罗马皇帝的公主。公主嘲笑他说："伟大的智慧却装在了这样难看的容器里。"

拉比并不在意，只是反问公主："公主的王宫中，可有美酒？"公主点头说有，于是拉比又问公主："王宫中的酒是装在什么样的容器中呢？"

公主说："装在一些普通的瓷器瓶罐里。"

拉比听了之后装作很惊讶的样子感叹："您贵为公主，按理说用的都是金银珠宝，怎么能用普通的瓷器瓶罐来装珍贵的美酒呢？"

公主听了拉比的话后，便下令将酒都装到原本盛水的金银容器中，然后把水装到普通的瓷器瓶罐里。

没过多久，这些酒便开始逐渐变得苦涩。

一天，皇帝在宫中宴请宾客，谁知宾客们喝的酒都有一股奇怪的味道。

皇帝十分生气，大声质问："是谁把酒都装到了金银容器中的？"公主害怕地回答说："是我让人装的，我以为装到金银容器中会更合适一点，没有想到会这样。"

公主被父皇严厉地责备后，找到拉比质问："拉比啊拉比，你为什么要告诉我错误的做法呢？"拉比回答公主说："我只是想告诉您一个道理，有时候美好高贵的东西需要装在简陋的容器中才匹配得上。"

这是一个发生在船上的故事。这条船上的船客每一位都是富可敌国的大富翁，除了一位拉比。这些富翁们聚在一起时，彼此都在炫耀自己所拥有的财富。拉比看到这样的情形，对他们说："在我看来，我是这里最富有的人，只是现在我还没办法向诸位展示我的财富。"

在航行的途中，他们遇到了海盗的劫掠，富翁们的财富被海盗洗劫一空。在海盗都离开后，这条船历经千辛万苦终于得以在一个港口停靠。

拉比凭借自己渊博的学识，得到了港口民众的欢迎，于是他开始在这里的学校授课。

没过多久，拉比遇到了当时在船上的富翁们，他们每个都十分落魄，于是他们感叹道："拉比您说的是对的，有知识的人就拥有最宝贵的财富。"

这个故事告诉我们一个道理——知识是我们能永远拥有并且谁也抢不走的，教育是人类世界珍藏的宝藏。

拉比教导我们说，一个人可以卖掉他所有的东西，去娶一个有学问之人的女儿。如果找不到这样的，那就娶一个大人物的女儿。如果他还是找不到，那就娶会众之一的女儿，如果依旧找不到，就娶慈善募捐人的女儿，甚至是教师的女儿。但不要娶文盲的女儿，因为不学无术的人是可憎的。

粗野之人不会虔诚，无知之人不会成圣。

早上睡觉，中午喝酒，少不更事之人的闲谈，以及参加无知者的集会，都会将人赶出这个世界。

无知的老年人，年龄越大智力就越低下，因为《约伯记》说："他废除忠实之人的言语，收回年老者的悟性。"但如果学习过律法，年老者就不是这样，他们年纪越大，反而越有思想，越有智慧，正如经上所说（《约伯记》第十二章第十二节）："年老的有智慧，寿高的有知识。"

无须回应无知者，只需敷衍地点头。

作为私生子的博学之人也比一个无知的牧师要好。

要重视学习

学习比牺牲更有功劳。

学习能拯救世界。即使要重建圣殿，也不能关闭学校。

知识是学来的，不是靠继承得来的。

先要学习律法才能遵守，而不是遵守律法之后再去学习，所以，荒废学业的后果比不遵守律法更严重。

蓄意张扬名声的人，终将丧失名声；不持续钻研学习的人，学问就会退步；不深入研读经典的人，活着不如死去；窃用经典欺世盗名的人，终将付出巨大的代价。

凡是忘记所学知识的人，按照《圣经》的说法来看，这无疑是一种自杀。《圣经》里说："你只要谨慎、殷勤保守你的心灵，免得忘记你亲眼所看见的事"。那么，如果因为学的东西太多而遗忘了某些内容，这是否在危害自己的生命呢？《圣经》里说：要避免生出不想学习的念头。因此，除非一个人在内心里放弃想要学习的想法，否则就算不上自杀。

所说之话被老师赞许的学生是幸福的。

世上有四种事物看似软弱却令强者也闻之色变，分别是：令狮子害怕的蚊子，令大象畏惧的水蛭，令蝎子胆战的苍蝇，令老鹰忌惮的捕蝇蜘蛛。

强大的事物不见得会令人恐惧。相反，再弱小的事物，只要具备某些能力就能压制强者。

学者之间的竞争推动科学的发展。

学习《托拉》要持之以恒，要少说话多行动。对待每个人都要像春风般温暖。

凡是能忍受学习《托拉》之苦的人，就能免受劳役和世俗之苦；凡是不能忍受学习《托拉》之苦的人，则会饱受劳役和世俗之苦。

耻于下问的人学不好知识，缺少耐心的人教不了学生；不研究经书的人不会虔诚，愚蠢的人不惧怕作恶；沉迷于经商的人未必就能增长智慧；潜心学习《托拉》，这比从事其他事业都要强。

旅行者在旅途中研读《托拉》，如果中断了研读而去看"这棵树多么美！""那处风景多么美！"，按照《圣经》里说的，这就是在危害自己的性命。

不要以为学习了《托拉》，就可以拿来自我标榜——它不是用来挖地的铁锹。有人说："凡是利用《托拉》来标榜自己的人都会自取灭亡。"由此可见：所有利用《托拉》来为自己谋利的人，都是自寻死路。

在贫困潦倒时仍然信守《托拉》的人，终将因为信守《托拉》而变得富有；过着富足生活却抛弃《托拉》的人，终将因为抛弃《托拉》变得贫困。

希望你能稍微减少对世俗事务的关注，多学习《托拉》，希望你能在人前保持谦卑。如果你在学习《托拉》时有一次懈怠，你就会有更多次的懈怠。如果你用心学习《托拉》，就会收获丰厚的回报。

学习《托拉》的过程是这样的：你吃蘸盐的面包，喝少量的水，睡在地上，过着艰难的生活，即便如此，你还是要认真地学习《托拉》，如果你做到了，"你就会享福，诸事顺利"。"你就会享福"是在当下，"诸事顺利"是在未来。

不要追逐名利，不要贪求荣誉。你的行动力度要超过你的理论认知。不要羡慕国王们的桌子，因为你的桌子比他们的桌子大，你的头冠比他们的头冠大。上帝诚实可信，他会支付给你相应的回报。

有一次我走在路上的时候，有个人见到了我，向我问好，我也向他问好。他对我说："拉比，你从哪里来？"我跟他说："我从有着圣贤和文人的伟大城市里来。"他问我："拉比，你愿意和我们一起去我们的城市吗？我会给你一百万金币，还有宝石和珍珠。"我对他说，我的孩子，就算你把世界上所有的金银珠宝都给我，我也不去没有《托拉》的地方，因为当一个人离开世界时，金银珠宝并不会陪着他，陪伴他的只有《托拉》和曾经做过的善行。

热爱《托拉》并且敬重《托拉》，热爱公平、正直和批评。明白今天和明天的区别，明白属于你的东西和不属于你的东西之间的差别：因为属于你的东西终究也要化为尘土，不属于你的东西就更不可能变成你的，要学会善始善终。

不要说："某人聪明，我不聪明。"因为你没有像他一样为圣贤服务。不要说："某人富有，我不富有。"因为不是每个人都能拥有财富。不要说："某人英俊潇洒，只有我丑陋不堪。"因为人一旦死亡，都会变成腐肉。不要说："某人得到了公平对待，我得到了不公平对待。"因为你们在未来都会接受上帝的公正审判。不要说："某人强大，我不强大。"因为除了刻苦学习《托拉》，不然没有人能真正强大。

无论用什么借口放弃了学习的人都会受到责罚。寓言里说，三个不学习《托拉》的人被传唤到天上的法庭，他们是一个穷人、一个富人和一个恶人。法庭先审问穷人为什么不认真研习《托拉》？如果穷人说他穷得只能为生计奔波，法庭便会对他说："你难道比希勒尔还穷吗？"据说长老希勒尔每天只能赚到半个子，即便如此，他每天依然要花去一半的工资去讨好研习所的看门人，以便能进去学习，剩下来的钱才用来养家糊口。有一天，希勒尔没有工作，身无分文，因此研习所的守门人拦住了他。那一天是隆冬时的一个安息日前夜，天上下着鹅毛大雪，希勒尔只能爬上墙，坐在窗外旁听。房子里，什玛亚正和亚布塔林讲经。天将拂晓，什玛亚对亚布塔林说："以往这个时候房间里就要亮了，可是今天却很昏暗，可能今天是个阴天。"说完，两人抬头望向窗外，看到了窗边的希勒尔，他的身上已经盖了一层厚厚的雪。两人帮希勒尔从窗上下来，带他沐浴清洁，让他坐在壁炉前，说道："这个人值得我们为他守安息日。"

然后审问富人："为什么不致力于研习《托拉》？"如果富人说他十分富有，每日都要为自己的财富分心。法庭会教育他："难道你会比拉比以利沙·本·卡松更富有？听说他父亲留下了一千座城池和一支有千艘船的船队。然而，他每天只是背着一袋面粉，奔波于各地去研习《托拉》。"有次以利沙走在路上，他的仆人不认识他，抓了他去做苦力。以利沙说："求你们放了我，我要去学习《托拉》。"仆人说道："以拉比以利沙·本·卡松的名义起誓，我们绝不放人。"这些人虽然是他的奴仆，但他从未见过他们，因为他日日夜夜都沉醉于研读《托拉》。

最后审问恶人："为什么不致力于研习《托拉》？"如

果恶人说他被英俊相貌所累，耽于情欲，便要被质问："难道你比约瑟还英俊？"波提法的妻子见了约瑟，每天早晚都穿上不同的衣服，花枝招展地去引诱他，哪怕以送他进牢房、毁掉他的容貌和戳瞎他的双眼要挟，还试图用重金来贿赂他，但他都不为所动，只致心于研究《托拉》。

用自己的一生去钻研《托拉》的人，品德固然伟大，但通过讲课去传播《托拉》的知识的人，品德更加高尚。学者就像一只盛满香膏的瓶子，打开盖子后，香气才能散发出来，盖上盖子后，即使香气馥郁，别人也闻不到。学习《托拉》而不传授的人就像沙漠里的桂树，无人欣赏。

为了教育别人而学习的人，上帝会提供足够的条件让你去学去教；为了实践而学习的人，那么上帝将提供足够的条件让你去学、去教、去遵守、去实践。

早晨贪睡，中午贪杯，沉溺于与孩童逗乐做戏，与那些不研读经书的人聚会，这些行为会让人与社会脱节。

学习的方法

学生分为四类，有以下三种划分方法。

学得快但忘得也很快的人，他忘记的东西总是比学到的更多；学得慢但忘得也很慢的人，他学到的东西总会比忘记的东西多；学得快而忘得慢的人，这是有天赋的人；学得慢而忘得快的人，这便是差生。

学习了而不实践的人，他能学到一些知识；没学习但去实践的人，可以得到一些实践的好处；既学习又实践的人，是诚恳的人；既不学习也不实践的人，这是恶人。

学习分为海绵型、漏斗型、滤网型和筛子型。海绵吸收所有东西，全盘接纳；漏斗一头进一头出，边学边忘；滤网滤出酒只剩下酒糟，没学到精髓；筛子筛掉粗麦粒留下精面粉，学到了精髓。

谢穆尔对拉夫耶胡达说："聪明的家伙，阅读时你应该张开你的嘴，这样你的阅读得以深入，你的寿命得以延续。正如《箴言》中所写的：'因为得到它就得到生命。'不要说'得到'，而要说'用嘴说出'，即，大声阅读。"在东方，无论过去还是现在都有大声读书的习惯。

拉比约坎南说："最好在夜晚学习，因为这时一切都很安静，正如经上所说'在黑夜中大声赞美'。"

雷什比拉基什说："保持学习，在每一个白天，在每一个晚上，正如经上所写'你要昼夜冥想'。"

先学习再沉思。

今天就学习，不要拖延。

如果你求知若渴，那就不要说你知道那些你未曾听闻的事情。当被问到不熟悉的事情时，也不要不好意思说"我不知道"。如果有人要教你不了解的知识，不要不好意思说"教给我吧"。

师从缺乏经验的年轻人，如同吃不成熟的葡萄、喝刚装瓶的酒；师从经验老到的大师，如同吃成熟的葡萄、享用陈年美酒。

给自己找到良师益友。评判任何人都应该带着善意。

如果有人告诉你："我努力了，但没有得到结果——"不要相信他。"我没有劳动，但得到了结果——"不要相信他。"我努力了，得到了结果——"（只有那时）才相信他。

最好的布道者是心；最好的老师是时间；最好的书是世界；最好的朋友是上帝。

尊师重教

尊敬老师的人会做什么？侍奉老师的饮食，为老师穿衣穿鞋，伴随老师出入。对师长如此，对圣贤也应如此。轻慢老师的人会做什么？坐在老师的座位上，抢在老师前面说话，说话顶撞老师，这些都是不应当的。

进门的时候年长者先进，出门的时候年少者先出。爬梯子时年长者先上，下梯子时年少者先下。进会堂时年长者先进，进监狱时年少者先进，祈祷时年长者先进行，站着的人应该向坐着的人问好。

赡养老人，不分信仰；尊重学者，不论年龄。

老师比父母的地位更高，因为父母只是把孩子带到这个世界，而老师则是告诉孩子未来如何生存。

教师是国家的守护者。

教学的时候要慎重，因为教学中的失误相当于有预谋的犯罪。

教师要用简洁的语言为学生施教。

脾气暴躁的人不适合当老师。

教导有智慧的人，他就会变得更有智慧。

尊重你学生的名誉，要像尊重自己的名誉一样。尊敬朋友，要像尊敬你的老师一样；尊敬你的老师，则要像尊敬上帝那样。

我从老师那里学到了很多东西；从我的朋友那里得到的更多；最多的是从我的学生那里得到的。

有三个拉比来到一座没有老师的城市，他们说道："把这座城市的守卫者带来。"居民们带来了守城的卫兵，他们大声说道："他们不是守卫者，他们是破坏者。"居民们问："那谁是守卫这座城市的人呢？"他们回答："是老师。"

老师要不断重复讲授课程内容直到学生学会。对学生而言，如果不复习背诵，那么他就像一个播了种却不去收割的农民。复习101次和复习100次的人有着明显区别。

一个初级班的最高人数是25人。如果有40个孩子，就应该配备一个助教；如果有50个，就应该配备两位合格的教师。拉瓦说："如果一个地方有两个老师，一个所教学生比另一个多，那么就不能解雇教的少的那个，因为这样的话，另一个也可能会失业。"内哈尔达的拉弗德米认为，前者被解雇会激励后者多教一些，既是出于自己也会被解雇的恐惧，也出于自己比别人受到更多青睐的感激。拉玛说：

"向教师学习会增长智慧。"拉瓦也说："如果有两个老师，一个教得多但很肤浅，一个教得不多但深入，那就应该选择前者，因为从长远来看，孩子们学得多进步才最大。"然而，内哈尔达的拉弗德米认为后者更可取，因为错误一旦铸成，就很难摒弃，正如《列王纪》中所写的那样。

拉比佩里达有一个学生，他必须重复给学生上同一堂课四百次，才能让学生完全领会。有一天，拉比匆匆忙忙地被叫去做慈善，在他走之前，他照例把手上的课文重复了四百遍，但这次他的学生却没有学会。"我的孩子，这是怎么回事？"他对他那迟钝的学生说，"这次我的重复都白费了？""因为，老师，"小孩天真地回答，"我满脑子都是你要去执行的另一项任务。""那么，"拉比对他的学生说，"让我们重新开始。"于是他又把这堂课重复了四百次。

Chapter 05

道德与法律

节制享乐

以殡葬为生的阿巴·扫罗说，埋葬死人是我的职业，在埋葬的过程中，我会注意观察他们的骨头。因此我发现，沉迷烈酒的人，他们的骨骼宛如被火烤过。酗酒过度的人骨中没有骨髓，适度饮酒的人则骨骼饱满。

《圣经》里说："侍奉耶和华时当存畏惧之心，即使快乐也要保持战战兢兢。"这个意思是说，在快乐的时候也要注意节制。拉宾那给儿子举办婚宴时，宴席上的拉比们十分快乐，于是他拿起一只价值不菲的杯子，当着拉比们的面打碎了，拉比们便严肃了一些。

强迫自己限制欲望的人，犹如给自己套上项圈，像是建造了禁欲的神坛，又好像用利剑刺入自己的心脏。《托拉》给人的限制已经足够，不要再自行增加更多的限制。

拉比伽玛列说，我因为这三件事很钦慕波斯人：他们饮食有度、如厕有度、房事有度。有节制的饮食基本原则是，吃三分饱，喝三分饱，留三分空。

不要久坐，否则容易生痔疮；不要久站，否则不利于心脏健康；不要长时间走路，否则不利于眼睛健康。人的一天应该用三分之一时间站着、用三分之一时间坐着、用三分之一时间行走。旅行、性交、赚钱、劳作、喝酒、睡觉、放血、用热水，人在这八个方面要适度，过度则有害。

将德行放在首位

一个聪明胜过品德的人像什么？像一棵枝叶繁盛但根茎稀疏的树，刮风的时候他会被连根拔起。《圣经》里说："他必然像一棵种在沙漠的松树，毫无幸福可言，却要住在干旱蛮荒的碱地。"而品德胜过聪明的人像什么呢？像一棵根茎繁盛枝叶稀疏的树，即使所有的风都吹在他身上，也无法撼动他。《圣经》里说："他必像栽在水旁的树，在河边扎根：无惧炎热，绿叶葱茏，即使遇到干旱也毫无忧虑，照样硕果累累。"

不要只关注瓶子的外表，重点看瓶子里面有什么。有的新瓶子里面装满了陈年佳酿，有的老瓶子里面却连新酒都没有。

在年少时不要做一些不轨的行为，这是《托拉》不允许的。在年少时保持良好的品行，才能获得圣贤及其门徒的赞许。

有三种人极具荣耀：熟读《托拉》的人、做祭司的人和忠诚的人。然而高尚的品行比这三种都更具荣耀。

世界上有十大力量：石头很坚固，铁却能把它砸碎。铁是坚硬的，但火能熔化它。火很烈，水却能把它扑灭。水很强，云却能吸收它。云虽强，风吹散了。风虽大，人却能抵挡。一个人是坚强的，但恐惧使他崩溃。恐惧是强烈的，但酒能溶解它。酒很浓，但睡眠会驱散它。比这一切更强大的是死亡！然而，仁义可以将人从死亡中拯救！

无论发生什么事，纳库姆都习惯说："这已经是最好的了。" 晚年的他双目失明，双手和双腿都被截肢了，剩下的躯干全身溃烂疼痛。他的学生对他说："如果你是个义人，为什么你会遭受到如此残酷的折磨？"

"这一切，"他回答说，"都是我自己造成的。有一次，我到我岳父家去，我牵着三十头驴，满载着食物和各种贵重物品。这时一个人在路边叫我：'拉比啊，请帮助我。'我叫他先等一下，等我把包袱卸下来。当我卸下驴子身上的负担时，我悲痛地发现这个可怜的人已经倒下死了。我扑倒在他的身上，痛哭流涕。我说：'让这双没有怜悯你的眼睛瞎掉吧，还有这双迟迟不来援助你的手和这双没有立刻跑来帮助你的腿，砍去它们吧。'我仍然没有就此停下，我还祈求让我剩下的躯体遭炎症的折磨。拉比阿基巴对我说：'我有祸了，当我遇到这种境况下的你。'但我回答说：'你在这种情况下遇见我是你的幸运，因为我希望通过这种方式，洗刷自身的罪孽，而我所有的义行仍然得以保留，以此换得来世的永生。'"

一个正直的人在五个方面优于他人：（1）他妻子比别人的更端庄；（2）他的孩子比别人的更加漂亮；（3）两人分享同一道菜，他品尝到的滋味更加美妙；（4）两人同在一个染缸里染布，他染的东西比另一个人好；（5）他在智慧、悟性、知识和地位上都远超另一人，正如《箴言》中所言："义人比他的邻舍更出色。"

不论是谁，都不可使用淫秽的语言。即使此人有令人称颂 70 年的良好品德，使用淫秽语言也会成为他人生中最显眼的污点。说脏话的人和听见脏话但没有及时制止的人，都将会在更深的地狱里煎熬。

为什么人的指头像木塞？是因为当人听到污言秽语时，可以用指头堵住耳朵。

当洪水笼罩大地，万物面临毁灭的威胁时，各种野兽成双成对地来到诺亚身边，要求进入方舟。谎，也来了，但是诺亚拒绝了。他说："只有成对的才能进入方舟。"谎去寻找同伴，遇到了恶，他邀请恶上方舟。恶说："我愿意与你作伴，只要你答应把你所有的收入给我。"谎同意了，他们被允许进入方舟。离开方舟后，谎感到后悔，并希望与恶解除伙伴关系，但为时已晚，所以现在的情况是："谎所得，为恶所耗。"

每个人身上都具有善的冲动和恶的冲动。人的品行取决于他占上风的冲动。善的冲动让人正直，《圣经》里说"我内心受伤"（善的冲动战胜恶的冲动时，内心的挣扎宛如受到伤害）。恶的冲动让人作恶，《圣经》里说："恶人的罪过在于：他不把神放在眼里。"这两种冲动的存在，决定人始终是善恶兼具的。

当一个人沉溺享乐与不道德行为时，他的身体会顺从邪恶冲动的支配，因为邪恶的冲动支配着他的全身器官。而当一个人积德行善时，被唤醒的善的冲动便会与邪恶冲动争夺身体支配权，因此人会觉得痛苦。面对天生具有支配地位的邪恶冲动，善的冲动宛如一位囚徒。

邪恶冲动驱使人的手段是：开始它先让人做一些微不足道的恶事，然后再做一些卑劣的恶事，最后逐步过渡到让人信奉偶像，于是人在这个过程里逐渐驯化。

邪恶冲动是人根深蒂固的本能力量。邪恶的人受心控制，正直的人控制自己的心。能征服自己的本能冲动的人力量更加强大。

邪恶的人不会长久得势，他们得意也就两三天，最终都会自取灭亡；正直的人不会总是遭殃，他们失意也就两三天，最终都会获得欢乐。

恶人为何往往舒服惬意？好人为何往往艰难困苦？这是一个令人费解的问题。

善有善报

连续四十天没有遭受痛苦的人，在有生之年得到了他应得的善报。

从前有个大户农家，农家的主人乐善好施，被誉为耶路撒冷一带最仁慈厚道的农夫。拉比们每年都会登门拜访，他也按比例慷慨解囊行善布施。

农夫经营着一座大农场。有一年暴风席卷，果园全毁，瘟疫肆虐，他饲养的牛、羊、马等家畜也随之暴毙。债主们听说后，纷纷找上门来，把他的全部财产都拿走了，只留下一块田给他维持生计。尽管遭此横祸，农夫仍然心平气和地说："我的财产本来就是上帝赐予的，现在上帝又把它们取回去了。一切都是上帝的安排，我只能顺从上帝的旨意。"

这一年，拉比们像往常一样前来拜访，见到农夫不幸家道中落，很是同情。农场女主人对丈夫说："我们每年按比例捐钱帮助拉比建学校、修缮教堂、救济老弱贫苦。如果今年什么都不捐的话，那可真是过意不去。"夫妻二人对拉比前来拜访却空手而归感到于心不忍。

于是，两人决定将仅剩的那块小田地卖掉一半，捐给拉比作慈善，而剩下的半块田地，他们要用来加倍努力工作。拉比们收到这笔意外的慈善金，都感到十分惊讶。

这对夫妻拼命在剩下的半块田地里耕耘，结果耕地的牛都累垮了。可是当他们把牛从泥泞的田里拉起来时，突然发现牛的脚底下藏有宝物。于是夫妻俩把宝物卖了，用获得的钱重新赎回了农场的经营权。

第二年拉比们再度来访，大家都以为农夫还在过贫困的生活，便特地前往之前的小块田地探望。却不想附近的邻居告诉他们："他已经不住在这里，搬到对面的大宅院了。"

拉比们于是前去拜访，农场主人便将这一年来的际遇如实相告，不禁感叹慷慨解囊行善，日后必有回报。

一位名叫内丘玛的拉比回答拉比阿基巴说，他认为自己被赐福长寿的原因是他在自己的本职工作上从不接受贿赂，牢记所罗门写的："憎恶贿赂的人始终活着。"他认为他的另一个优点是从不在意别人的冒犯，牢记拉巴的话："最高法官将会善待宽恕他人过错的人。"

拉比泽拉说，从他这里来看，他长寿的福报来自天意，是他一生所作所为得到的善报。他以谦恭宽厚的态度持家。他不在更加智慧的长者面前提意见。他避免在污秽之地传授神的旨意。他整天带着经匣，以此提醒自己所肩负的神圣义务。他不把教授神圣知识的学院视为随意之地，更不会偶尔或习惯性地在那里睡觉。他从不因同胞的堕落而幸灾乐祸，也不会用别人或他的家人反感的名字来称呼别人或他的家人。

布罗卡的儿子拉比约坎南，禁食向主祈祷，希望他见到天使以利亚，他在活着的时候升了天堂。上帝应允了他的祈祷，以利亚以人的模样出现在他面前。

拉比向以利亚祈祷："让我和你一起游历，走遍世界，让我观察你的所作所为，获得智慧和悟性。"

"不，"以利亚回答说，"我的举动你无法理解，我的行为会使你困惑，因为它超出了你的理解范围。"

但拉比仍然恳求说——

"我不麻烦你，也不问你，只让我陪你行路。"

"那么，来吧，"以利亚说，"但让你的舌头保持缄默。你的第一个问题和第一个惊讶的表情出现时，就是我们必须分开的时候。"

于是两人一起游历世界。他们走近一个穷人的家，他唯一的财产和谋生工具就是一头牛。当他们走来时，那人和他的妻子急忙出门迎接，邀请他们进入他们的小屋，为他们准备能拿出来的最好东西，并留他们在屋子里过夜。他们得到了贫穷但好客的男主人和女主人的一切照顾。清晨，以利亚早早起来向上帝祷告，当他祷告完后发现，穷人的那头牛死了。然后他们继续他们的旅程。

拉比约坎南非常困惑。他对以利亚说："你为什么要杀死这个好人的牛，他——"

"安静，"以利亚打断了他的话，"听着，看着，别说话。如果让我回答你的问题，我们就必须分开。"

然后他们继续上路。

临近傍晚时分，他们来到了一座壮观而气派的宅院，这是一个傲慢的富人的住所。他们冷淡地接待了他们：他们把一块面包和一杯水放在他们面前，房子的主人没有欢迎他们，也没有和他们说话，他们在那里待了一夜，也没有人理睬。早晨，以利亚说房子的一面墙需要修理，于是派人去找木匠，他自己还付了修理费，他说这是对他们受到款待的一种回报。

拉比约坎南再次感到惊讶，但他什么也没有说，继续赶路。

夜幕降临的时候，他们来到了一座城市，其中有一座很大很壮观的犹太教堂。在晚间礼拜的时间，他们进入了教堂，他们对里面富丽的装饰、天鹅绒垫子和镀金的雕刻感到十分愉悦。礼拜结束后，以利亚起身大声喊道："今天晚上谁愿意给两个穷人提供食物和住宿？"没有人回答，也没有人尊重旅行的陌生人。然而，在早晨，以利亚再次进入教堂，握着教堂成员的手说："我希望你们都能成为领袖。"

第二天晚上，两人来到了另一个城市，这时犹太教堂的夏马斯（教堂执事）来迎接他们，并将两个陌生人的到来通知了信众，该地最好的旅馆向他们开放，所有人都争相向他们表示关心和尊敬。

然而，早上，在与他们分手时，以利亚说："愿主只任命一人来管理你们。"

约坎南再也控制不住他自己的好奇心了，他对以利亚说："请你告诉我，我所看到的一切的意义。祝福那些冷漠对待我们的人；对那些有恩于我们的人，你没有给出相应的回报。即使我们必须分开，我也请求你告诉我你所作所为的意义。"

"听着，"以利亚说，"尽管你不能理解上帝的方式，也要学会相信他。我们首先进入了那个穷人的家，他对我们很好。我知道在这一天，他的妻子命定会死去。所以，我向主祷告，希望这头牛能代替她，上帝应允了我的祷告，这女人得以继续留在丈夫的身边。接下来的那个富人，对我们很冷淡，我帮他修缮他的墙。我修的时候没有打新的地基，也没有一直挖到旧的地基。如果他自己修，他就会挖下去，并发现埋在那里的财宝，但现在他永远失去了。

对那些不友好的教堂成员，我说'愿你们都成为领袖'，在许多人统治的地方，不可能有和平；但对其他人，我说'愿你们只有一个主'，一个领袖，就不会产生分歧。现在，你若看见恶人发达，就不要嫉妒；你若看见义人贫穷困苦，也不要愤怒，也不要怀疑神的公义。耶和华是公平的，他的审判都是正确的；他的眼睛可以看到所有人，没有人可以怀疑：'这是怎么回事？'"

说完这些话，以利亚就消失了，只剩下约坎南一人。

苦难的恩赐

遭遇苦难时应该感到开心，因为祸兮福所倚。

跟享受幸福时比起来，人在遭遇苦难时更应该感到欢欣。因为一个人一生幸福，这说明他曾经犯过的罪可能还未得到宽恕；如果他曾经受苦难，那说明他曾经犯过的罪已经得到了宽恕。

圣洁的神——愿主保佑！——经常给义人施加苦难，

以使他们学会远离世间的诱惑，拒绝罪恶的引诱，尽管他们并没有犯罪。很显然，苦难对人是有好处的，因此，我们的先师说："就像人们因得到善报而喜悦真诚地祝福那样，当上帝折磨他们时，他们也应该欣然地祝福上帝，把对人子的祝福隐藏起来，这种苦难肯定是有好处的……或者说，目前大多数灵魂都处于转世状态，上帝现在要惩罚人，因为他的灵魂前世在另一个身体里犯了613条戒律中的某一条。"

拉比雅基巴要外出旅游，他手提一盏小煤油灯，牵着一头驴和一只狗就动身了。

天色将晚，暮色四合之时，雅基巴远远望见一间库房，那正是今夜栖身的好去处。此时睡觉为时尚早，难以入眠，雅基巴便点燃油灯，在那摇摆不安的一豆灯光下看起书来。猛然间一阵风袭来，油灯终于支撑不住瞬间熄灭，雅基巴见此只好合上书踏实入睡。

夜半一只狐狸来犯，杀死雅基巴的狗。

过一会儿，狮子也悄悄来袭，可怜的驴子成了腹中餐。

次日清晨，雅基巴手提那盏小煤油灯继续上路。踉踉跄跄，不知不觉就来到一座村庄附近。周围一片狼藉，这是昨夜刚被盗贼洗劫过。整座村庄被匪徒摧毁，所有村民都死于非命。

雅基巴不由得心头一惊，若非昨夜风吹灯灭，驴狗俱死，这灯火招摇、狗吠驴啼难保不会引来匪徒，到那时自己只怕也是在劫难逃，落得同村民一样的悲惨结局。

原本是个一无所有之人，未曾想反倒令他逃过一劫。

拉比因此顿悟："即便穷困潦倒，人也不能放弃。我们必须坚信一个真理：祸兮福之所倚。"

在困厄之中，切忌怨天怨地、自甘堕落，要学会从容面对。白驹过隙，困境也会随之而去。

犯罪的根源

犯错往往从心不在焉开始，其次是嘲笑，其三是傲慢，其四是残忍，其五是散漫，其六是憎恨，其七是目光邪恶。所以，所罗门说："他讲甜言蜜语，你不要相信，因为他心中有七样令人憎恶的东西。"

教唆别人作恶是万恶之首。比杀死一个人更恶劣的事情是教唆他人犯罪，被杀害的人只是在今生离去了，而犯罪的人却既没有今生也没有来世。

总是重复犯罪的人会认为他犯下的罪是被允许的。

不论律例多么微小，都要遵守；不论罪恶多么微小，也要远离。律例是环环相扣的，恶端也是。一开始遵循律例以后也会遵循，一开始作恶，以后会一次又一次作恶。

如果不是头脑发疯，人不会犯罪。发怒和得意忘形，是犯罪的两大动因。

如果一个人犯了罪，他为此忏悔却不改正，这就像他手里拿着一条肮脏的虫子，全世界所有的水都洗不干净他的肮脏。但是，只要他丢掉这只虫子，及时改正，一点点水就能将他的肮脏洗干净。

如果一个人认为"我犯了罪，忏悔能抵过；再犯罪，再次忏悔就能抵过"，那他不配用忏悔洗清罪恶。

一个人在第三次犯罪时可以得到原谅，但当他第四次再犯时，将不会再得到宽恕，因为据《阿摩司》，"犹太三番四次地犯罪，我必不免去他的刑罚"。又如《约伯记》，"看！神两次、三次向世人行所有这些事"（所以推断不是四次），"拯救他的灵魂于深渊之中"。

脸皮厚的人容易犯错。《圣经》里说："他们的脸色表明了自己并非正直之人。"脸皮薄的人不会轻易犯错。《圣经》里说："你们要时常怀有敬畏之心，才不至于犯罪。"

总有一天，动物们会向蛇提出质疑："狮子将猎物踩在脚下吞食，狼将猎物撕碎吃掉，而你呢，你咬人有什么好处？"蛇将回答："我并不比诽谤者更糟糕。"

有四类人不接受神的存在：轻狂傲慢之人、招摇撞骗之人、阿谀奉承之人和造谣诽谤之人。

怎样远离罪恶呢？想一想三件事：你从哪里来？你到哪里去？你必须出现在谁面前？嘲讽者、说谎者、伪善者和诽谤者没有资格进入极乐世界。诽谤就是谋杀。

传播诽谤的人、倾听诽谤的人和作伪证支持诽谤的人都应该被丢去喂狗。

七件事使人痛苦：诽谤、流血、假誓、通奸、骄傲、抢劫和嫉妒。

假如一个人偷了麦子，磨成面粉，揉成面团，烤成面包，并且按照习俗分出一些面包来祭神，可无论他说了什么，神都不会回应他，因为他亵渎了神。

有个故事说，如果没有鼠洞，老鼠怎么偷东西？所以老鼠不是贼，鼠洞才是贼。窝赃是比偷窃更严重的罪行。

遵守戒律

遵行一条戒令，就像是自己招揽了一个辩护人；犯下一次罪过，就像是为自己招来一个控告者。忏悔和行善能像盾牌一样帮你抵御恶的侵袭。

要远离会将你引向罪恶的事物。即使是轻微的罪恶，你也要保持警惕，避免被引入更严重的罪恶；即使是小的戒律，也必须严格遵守，由此你才不会触犯更大的戒律。

如果你想保持友谊，就必须关心朋友的利益。如果你想要远离罪恶，就必须思考并认清犯罪的后果。时时提醒自己遵守戒律，才能安居乐业。

要远离丑恶的和类似丑恶的事物，从而避免别人怀疑你品行不端。

什么才是正道？就是去做那些能给你带来荣耀并获得他人赞赏的事情。即使你不明白每个戒律的价值，也要一视同仁地遵守。对于遵守戒律与违反戒律所带来的得与失，你一定要多加权衡，搞清楚孰轻孰重。你要明白三件事，才不至于坠入罪恶的深渊：在你头顶之上，神注视你，倾听你，你的所有行为都被记录在案。

不要用你的耳朵去听那些虚假荒唐之言，以免将来下地狱时被烧焦。不要用你的眼睛窥视不属于你的钱财，以免丢掉上天赐予你的光明。不要用你的嘴说坏话，以免令它第一个被审判。不要用你的手去留置赃物，否则你的肢体会证明你的罪恶。不要用你的脚踏入罪恶之地，否则死神将会提前索命。不要害怕地上的法庭，因为这种地方的人都爱财；应该敬畏天上的法庭，因为天上有你的证人，并且累积的罪行都会被指控。

戒律被比作一盏灯，上帝的律法被比作光。灯只在有油的时候才会发光。因此，遵守戒律的人在行动的同时也得到了回报。然而，律法是永恒之光，学习它的人将得到它的永久保护。正如经上所写的："你走路时，它（法律）将指引你；你躺下时，它将守护你；你醒来时，它将与你交谈。"

当你行走时，它将在今世引导你；当你躺下时，它将在墓中守护你；当你醒来时，它将在来世中与你交谈。

旅途中，在一个黑暗阴沉的夜晚，一个旅者经过一片森林，他在恐惧中前行。他害怕那些在路上出没的强盗；他害怕自己在路上滑倒，掉进一些看不见的沟渠或陷阱；

他也害怕野兽，他知道这些野兽就在他附近。一个偶然的机会，他发现了一个松枝火把，并点燃了它，火把的光亮给他带来了极大的安慰。他不再害怕荆棘或陷阱，因为他可以看清自己前方的路。但对强盗和野兽的恐惧仍然笼罩着他，直到太阳升起，洒下清晨的曙光。他仍然不清楚自己的路线，直到他走出森林，到达十字路口，他的心才恢复了平静。

从上帝的圣言《圣经》来看，这个人经历的黑暗象征着没有宗教知识的世界。他发现的火把象征着上帝的戒律，这些戒律助他前行，直到被赐福的阳光照耀。尽管如此，当人在森林（今世）前行时，他并不是完全平静的，他的心是脆弱的，他可能会在途中迷失方向。但当他到达十字路口（死亡）时，我们可以宣布他是真正的义人，并赞叹——"美名比昂贵的香水更芬芳，死亡的日子比出生的日子更值得庆祝。"

一个人一旦开始违反一条微不足道的律例，他将一步一步发展到违反更为重要的律例。《圣经》里说"要爱人如爱己"，如果有人违反了这一条，那他接下来会违反"不可以在心里恨你的兄弟"，然后会违反"不可以报仇，也不可以埋怨你的同胞"，接着会违反"和你的兄弟同往"；终将导致杀人。

自觉去遵守某条律例的人，不必为此过于高兴，因为他会自然而然去遵守更多的律例，以后高兴的机会还很多。违犯了某条律例的人，也担心得过早，因为他自然而然违反更多的律例，以后担心的机会也会很多。

因为爱和责任感而遵循律例的人，比因为恐惧责罚而遵循律例的人更高尚。

安东尼在聊天时对拉比犹大说：

"在来世，当灵魂来到全能的造物主面前接受审判时，它是否可以为世间的罪恶辩解说'看，罪孽是肉体造成的，我现在已经从肉体中解放出来了，罪孽不是我犯下的'呢？"

拉比犹大回答说："让我给你讲一个寓言故事。一个国王有一个无花果园，他非常珍视这些果子。为了防止偷盗或毁坏，他在果园里安排了两个看守，为了防止他们受到诱惑去偷吃，他选择了一个盲人和一个瘸子。然而，当他们在果园里的时候，瘸子对他的同伴说：'我看见无花果长得很好。它们美味可口，十分诱人，只要你把我扛到树上，我们就都可以吃到了。'

"于是瞎子扛着瘸子，他们大吃了一顿无花果。

"当国王来到果园时，他立刻注意到他最好的无花果不见了，他问看守这是怎么一回事。

"盲人回答说——

"'我不知道。我无法偷走它们，我是个瞎子，我甚至不能看见它们。'

"瘸子回答说——

"'我也偷不成，我都没法爬上那棵树。'

"但国王是个聪明人，他回答说——

"'看呐，是瞎子扛着瘸子。'于是他们都受到相应的惩罚。

"我们自己也是如此。世界是果园，永恒的国王派我们在里面看守，耕耘土壤，照料果实。灵魂和身体结合才为人。如果一个违反了戒律，另一个也就违反了，死后灵魂就不能说：'我的罪名来自身体犯的错。'不，上帝会像果园的主人那样，正如经文所说——

"'他向上呼告天向下呼唤地，以审判他的子民。'

"'他向上呼告天'这是指灵魂；'向下呼唤地，以审判他的子民'这是指肉体，与它来时的尘土相混。"

法律的意义

公正、真理与和平是世界存在的三个基础。《圣经》里说："在城门口用真理来审判，就能使城邦和睦。"

荣耀的宝座前有七个标志：智慧、公义、审判、恩典、慈悲、真理以及和平。

"上帝创造了邪恶的动机，但也将律法作为解毒剂。"

拉比告诉我们，罗马政府曾经颁布了一项法令，禁止以色列人学习法律。一天，耶胡达的儿子帕普斯发现拉比阿基瓦在公开讲授法律，众人正聚集在他身边听讲。"阿基瓦，"他说，"你难道不怕政府？"阿基瓦答道："听着，让我用一个寓言来告诉你为什么。有一次，狐狸在河边散步，看到鱼儿在水中心慌意乱地来回穿梭。他问道：

'你们在逃避什么？''渔网，'他们回答，'这是人类的后代设下的陷阱。'狐狸反问道：'那为什么不和我一样尝试在陆地生活，这样我们就可以生活在一起，就像我们的祖先以前那样？''想必，'他喊道，'你不是我们所听说过的最狡猾的动物，因为此时的你是愚蠢的。如果我们在自己自然生长的地方都感到恐惧，那么在我们注定死亡的地方，我们有什么理由不会更加如此！'"如此，阿基瓦继续说："我们学习法律的人也是这样，《申命记》中写道：'他是你的生命，是你一生的长度。'如果我们在学习法律的时候遭受折磨，那么在我们遗忘它时，我们不就更要受苦？"听说没过几天，这位拉比阿基瓦就被逮捕进了监狱。就在他正要说出"以色列啊，请听！"这句话的时候，他被带出来执行处决。当他长长地呼出一个字时，他们用刑具撕开了他的肉，他的灵魂随之离开了他。这时，有声音从天上传来，说："拉比阿基瓦，你是有福的，因你的灵和言一起离开你的肉体。"

通过十八件事可以习得律法，这些事情是：研习，专注，恳谈，洞察，关心，敬畏，谦恭，亲切，纯洁，聆听智者，研讨，辩论，沉着，研习经文和《密西拿》，远离商业，克己，适量睡眠，不听流言蜚语等。

拉比说，有一次无良的政府派两个官员去找以色列的智者，说："把你们的律法教给我们。" 他们把这本书捧在手上研读了三遍。当他们准备离开的时候，他们把它还回来说："我们仔细研究了你们的法律，除了其中的一处，它是完全公正的。你们说如果以色列人的牛顶死了外国人的牛，主人不需要赔偿；但如果外国人的牛顶死了以色列人的牛，主人必须赔偿全部损失。如果自己的牛顶死了别人的牛，无论是第一次还是第二次，在同是以色列人的情况下，主人只需赔偿一半损失，或者是第三次，他将赔偿邻人全部损失，即使'邻人'在严格意义上只指以色列人，外国人也同样应该被豁免。或者从最广泛的意义上理解'邻人'这个词，当以色列人的牛顶死了外国人的牛时，为什么以色列人就没有义务进行赔偿呢？""这个法律问题，"拉什回答说，"我们没有告诉政府。"正如拉什在提到前面的哈拉卡时说的，"一个外国人为支持犹太人而被剥夺了财产权"。

我们从拉希那里得知：有一次，狐狸诱骗狼进到一个犹太人的家里，帮助主人准备安息日的晚餐。狼刚一进去，全家人就围着用棍子打它，它不得不逃命。狼对狐狸出的馊主意十分愤怒，想杀了它，但狐狸说："如果不是之前你父亲吃光了餐桌上最美味的食物而因此失去了信用，他们是不会打你的。" "什么？"狼反驳道，"父亲吃了酸葡萄，难道孩子的牙齿也要一起被酸倒吗？" "好吧，"狐狸打断了它的话，"现在跟我来，我带你到一个可以填饱肚子的地方。"于是，它把狼带到一口井边，井上方有一根横轴，轴上绕着一根绳子，绳子两端各拴着一个水桶。狐狸一进到桶中，恰好在顶部的桶很快就下降到井底，同时另一个桶随之上升到顶部。狼问狐狸为什么要下去，狐狸回答说，因为它知道下面有肉和奶酪，而且十分丰盛，为了证明这一点，它指着一块奶酪，这块奶酪正好是月亮在井水中的倒影。狼问道："那我怎么才能下到你旁边？"狐狸回答说："钻到上面的桶里。"狼照着狐狸说的做了，它下去的时候，另一个水桶和狐狸又一起升到了顶部。陷入困境的狼，再次向狐狸求救："那我现在怎样才能出去呢？"狐狸回答说："正义的人脱离困境，邪恶的人代替他进去。"这不是写着"公正的天平"吗？

泽波拉的拉比乔南说："学习律法可以比作清理一大堆灰尘。愚蠢的人说：'我不可能能够清理掉这么一大堆，我不要去尝试。'但聪明的人会说：'我今天清理一点，明天清理一点，后天再清理一点，这样到时候我就可以把它全部清理掉。'

"学习律法也是如此。懒惰的学生会说：'我不可能学完《圣经》。想想看，《创世纪》有五十章，《以赛亚书》有六十六章，《诗篇》有一百五十篇，等等。我真做不到。'但勤奋的学生会说：'每天学习六章，这样到时候我总能学完全部内容。'"

在《箴言》中，我们看到这样一句话："智慧对傻瓜来说高不可攀。"

"拉比约坎南用从屋顶取下苹果的比喻来解释这句话。愚蠢的人会说'我够不着这果子，它太高了'，但聪明的人会说'把一个踏板叠在另一个踏板上，直到你的手臂能够到它，这样就可以轻而易举地拿到它了'。愚蠢的人会说'只有聪明的人才能读完整部律法'，但聪明的人回答说'又没有要求你一下子读完整部律法'。"

拉比利维用一个比喻说明了这一点。

有一个人曾经雇了两个工人用篮子装水。其中一个说：

"我为什么要继续做这种徒劳的工作呢？我把水装进去，它马上就从另一侧漏了出来，这样有什么用呢？"

另一个聪明的工人回答："我们要的是劳动所得的报酬。"

学习律法也是如此。一个人说："我必须不断地学习法律，否则就会忘记我所学的，这样学习律法有什么意义呢？"但另一个人回答说："即使我们忘了我们所学，上帝也会因我们所展现出的意志力给出奖赏。"

拉比泽伊拉说过，即使是律法中我们认为不重要的一个字母，也可能使整部律法失效。在《申命记》中，我们读到"不可多娶妻子，叫他的心偏离"。所罗门违反了这一戒律，拉比西蒙说，天使注意到了他的恶行，并向神说："世界的主宰，所罗门视你的律法如可以随意删改的一般律法。他无视三条戒律，即'不可多占马匹'，'也不可多娶妻'，'也不可多谋钱财'。"然后耶和华回答说："所罗门将在世间暴亡。是的，即使在他之后仍有一百个所罗门，也不能省去律法中哪怕一个最小的字母。"

布罗卡的儿子拉比约坎南和奇斯玛的儿子拉比以利亚泽去拜访他们的老师拉比约萨，他对他们说：

"学院里有什么消息？一切都还好吗？"

"不，"他们回答说，"我们是您的学生，现在应该您说话，我们在旁聆听。"

"然而，"拉比约萨回答说，"学院里没有一天不发生引人注意的事情的。今天是谁讲课？"

"伊莱泽拉比，阿扎里亚的儿子。"

"那他讲的是什么？"

"他选择了《申命记》中的这一节，"学生回答说——

"'将众人召集起来，男人、女人还有孩子'，他这样讲解——

"'男人来学习，女人来听讲。那为什么还有孩子呢？这是因为教育自己的孩子学会敬畏主，他们可以得到奖赏。'

"他还阐释了《传道书》中的经文——

"'智者的话是刺棒，而使集会的众人安定的（话）则是钉子，这些都出自一个牧羊人之口。'

"'为什么把神的律法比作刺棒？'他说，'因为刺棒能让牛把犁拉直，而拉直的犁能为人带来丰收。神的律法也是如此，它使人心正直，使它能带来能量供养永恒生命。但为防止你说"刺棒是可以活动的，那么律法也必须是如此"，所以它还写道"像钉子"，同时也像"被钉上的钉子"，以免你争辩说，钉在木头上的钉子每敲一下就会消失一点，因此通过这种类比，你觉得上帝的律法也会因此减损。不是这样的。这就像钉子用来固定，就像栽种树木是为了结果和繁育。'

"'集会的众人是指那些聚集在一起研习律法的人。他们之间经常发生争论，你可能会说："有这么多不同的意见，我怎么能安下心来研习律法呢？" 问题的答案就在一个牧羊人所说的话里。所有的律法都来自这位神。所以你的耳朵要像筛子，你的心要习得所有这些话。'"

拉比约萨说："拉比伊莱泽所教的这一代人是幸福的。"

坚守公正，敬仰上帝，不盲目崇拜他人，不做不道德的事，不抢夺他人的财产，珍爱生命，不可虐待动物。

法律就像是治病的药。

一天，国王在为自己受伤的儿子包扎伤口，他劝导自己儿子说："儿子啊，只要伤口包上了绷带，你就可以任意吃喝玩闹，跑跑跳跳，都没有关系。可是如果你解开了绷带，伤口就会恶化。"

人性也是一样的，人的性格中潜藏着作恶的心理，只有我们严格遵守法律，才能控制住自己的欲望，防止恶欲膨胀。

一方面尽量避免和别人打官司，这样就可以让自己从敌意、压迫和谎话中解脱出来。另一方面，抱着过度自信的态度去和别人打官司，便容易成为一个愚蠢、恶劣又粗俗的人。

正义是支撑世界的基石，不要忽视它。如果颠覆了正义，那么世界也将会随之颠倒。

对执法者的要求

法官要保持中立的立场。在法庭上，法官不可偏信任何一方当事人，他们都应被视为有罪；而当一个人被判决无罪离开法庭后，他就是清白之人。

要彻查证人，审查过程中要注意自己的言辞，防止证人得到提示而说谎。

每个法官都应该看到自己的身体里悬的那把剑，地狱之门就在他们的脚下敞开。

卑鄙的是为报酬而审判的法官。然而他的判决源于律法，因此必须得到尊重。

接受贿赂的法官，无论在其他方面多么公正，都没办法清醒地离开这个世界。

我们不会让老人、太监和无后代的人当法官。拉比犹大补充说道："铁石心肠的人也不可以当法官。"

法官如果像国王一样什么都不要，就能建立属于自己的王国；但如果像祭司一样，从禾场上收受礼物，就会毁掉自己的王国。

有一次，谢穆尔乘坐渡船过河时，一个人及时伸出援手扶住他防止他摔倒。拉比说："我为你做了什么，你对我如此殷勤？"那人回答说："我在你那里有一场官司。""这样，"谢穆尔说，"你的殷勤使我失去了对你的诉讼进行审判的资格。"

有一次，阿米玛尔坐在审判席上，这时有一个人站出来，帮他把一些粘在头发上的羽毛拿掉。法官问道："我为你做了什么？"那人回答说："大人，我有个案子要向您上诉。"拉比回答说："你已经剥夺了我作为法官的资格了。"

拉比玛乌克瓦曾经注意到有一个人走上前去，礼貌地为他盖住前面地上的唾沫。"我为你做了什么？"拉比说。"我有一个案子要提交给你。"那人说。"你用你的好意贿赂了我，"拉比说，"我已经没有资格做你的法官了。"

拉比约西的儿子拉比以实玛利有一个园丁，每周五定期给他送一篮子葡萄。有一次他在星期四就送来了，拉比问他为什么提前一天来。"大人，"园丁说，"今天我在你那里有个官司，我想提前送来可以省去明天的路程。"拉比听了这话，不仅没有接受那筐葡萄，尽管葡萄是他自己的，并拒绝在诉讼中担任法官。然而，他任命两位拉比代替他审判此案，当他们在调查诉讼证据时，他不停地踱来踱去，并对自己说，如果园丁够聪明懂得回报的话，他或许可以帮园丁说些什么。当他正准备为他的园丁辩护时，他突然醒悟："受贿者真该好好看看自己的灵魂。如果接受本来就属于自己的东西作为贿赂都觉得心中有愧，那么那些从别人手中接受贿赂的人是多么堕落！"

如果法官收了钱，则判决无效。如果证人收了钱，他的证词就无效。

收受贿赂的法官只会激起愤怒，而不是平息愤怒，这不就是《箴言》中说的"怀中有赏，必有强怒"吗？

有资格审理刑事案件的人便有资格审理民事案件，但有资格审理民事案件，不一定有资格审理刑事案件。有资格作出判决的人便有资格作证，但有资格作证的人不一定有资格作判决。

能当大法院法官的人，必须具有才华、智慧和威严，年纪较大，通晓各种巫术和语言，这样他们在审理案件的时候就用不着翻译了。

"你们既听重大的，也要听轻微的。"雷什·拉基什说，"涉及一个普鲁塔（最小的硬币）的诉讼应该与涉及一百个马纳的诉讼一样重要。"

要提防当权者，因为他们是为了自身利益才亲近人。当有利可图时，他们会与你做朋友，而你陷入危难时，他们却会离你而去。

玩弄权力的人终将死于权力。

对证人的要求

无知的人没有资格做证人。

以下的人不能作为证人出现：赌徒、放高利贷的人、放鸽子的人和奴隶，这是众所周知的规定。

让证人知道自己将为谁作证，在谁面前作证，最终他要为他们负责，因为《申命记》上说："争论的人都要站在主面前。"

上帝憎恶三种人：心口不一的人、不为同伴作证的知情人、为报复同伴来专门作证的人。

贷款抵赖的人可以做证人，但不承认信托存款的人则不适合。

在死刑案件中发假誓的人，其作为证人在任何法律诉讼中都是不可靠的；但如果他只在民事案件中发过假誓，而此时他的证据指向的是命案则可视为可靠证人。

或许，你接下来提供的证词是出于自己的猜测、道听途说、另一个证人所言或者某个你相信的人所说，或许，你不知道你将面临追根探底的问话。但你要记住，刑事案件不同于民事案件，对于民事案件来说，破财可以求得宽恕，对于刑事案件来说，你就要承担世世代代以命抵命的责任。

对执法程序的要求

证言部分无效的则完全失效。

悲痛之时说的话无须负责。

《圣经》里说，如果只有一个人的证词，就不能判人死刑——这是一条基本原则。《圣经》里凡是提到"见证"一词，都是指的要有两个以上的证词，除非特别提到只需要一个。

没有旁证的单个证人的证词，不可相信。

作伪证的人在审判结束后要处死。

在庭审过程当中，打官司的双方应该站着。只有法官让他们坐，他们才能坐，但不允许让一方坐着，另一方站着；也不允许让一方详细陈述，另一方简要陈述。如果一个学者和一个文盲打官司，不允许前者先到法庭，因为这样会有操纵审判的嫌疑。如果一个衣衫破烂的人和一个衣着华美的人打官司，那么就要告诉后者，要么你穿成跟对方一样，要么你就给对方也买一套华美的衣服。法官不能在一方当事人没有到庭的情况下就开始听另一方的陈述。

拉比们说，在审判民事案件时，没必要进行对质和诘问，这样邻居之间以后借东西就不至于被拒绝。

当判决结果形成之后，打官司双方被带入法庭，主审法官当庭宣布："某人，你不用负法律责任；某某人，你应负法律责任。"任何一个法官都不应该在审判完成后对被判决应该承担法律责任的人私下说："我认为你不应该担责，但其他法官认为你应该担责，所以我也没办法，少数要服从多数。"对于这种人，《圣经》里是这样说的，"搬弄口舌，泄露秘密"。

《圣经》里说，不能因子杀父，也不能因父杀子。有人说这句话的意思是，不能因为孩子犯罪就杀死父亲，也不能因为父亲犯罪就杀死孩子。但《圣经》里也说，凡是被杀的人，本身肯定是有罪的。所以，上面这句话的真正意思应该是，不能因为孩子作的证而杀死父亲，反过来也是如此。

当一个人抢劫了五个人中的一个，却不记得他抢劫的是哪一个，这时每个人都声称自己是受害者，那么他应该把抢来的钱财分给他们五个人，之后才可以离开。拉比塔尔丰是这么说的，但拉比阿基瓦认为，他必须向每个人归还一份抢来的钱财，否则他并没有完全免除自己的罪责。

如果一个人用拳头打他的邻人，他必须付给邻人一个塞拉；如果他打的是脸，他要付给邻人两百兹姆；对于用手背打人的，打人者要付给他四百兹姆。如果他揪别人的耳朵，拔头发，吐口水，或扯衣角，或在街上扯掉女人的头饰，都要罚款四百兹姆。

如果一个骑马的人看到地上有件遗失的物品，他对同伴说，"把它给我"，后者在捡起来后说，"这应该归我"，那这句话是有效的。但如果后者把物品递给了前者，再说"这应该归我"，此时，这句话就无效了。

审判的标准

若你为他人作保，你就要偿付他人无法偿付的债务；若你借债，就一定要偿还；若你放贷，则必须要追缴欠款。心里始终要有一本清晰的账。

在没有早出工晚收工惯例的地方，雇主不能强迫他们超时工作。在有为工人提供餐食惯例的地方，雇主要为工人提供餐食。在餐后要吃甜点的地方，雇主要为工人们提供甜点。

雇主必须按照律法要求按时发放工资。白天干活的人，晚上要给他们发放工资；晚上干活的人，要在第二天白天发放工资；按小时干活的人，在他干完活后就要领到工资。按星期、月、年或七年为周期干活的人，要在工期结束时发放他的工资。

如果在雨季把房子租给他人，那么从住棚节到逾越节这段时间，不得把租客赶出门。如果在夏天，解除租约要提前30天通知。如果是在大城市，无论是冬天还是夏天，解除租约都要提前 12 个月通知。如果出租的是商铺，那无论是在大城市还是在小城市，解除租约都要提前 12 个月通知。拉比伽玛列说，如果出租的是面包房或染房，解除租约必须提前 3 年通知。

如果一个人卖掉他的院子，那么，房屋、水井、沟渠和洞窖，都包含在内，但不包含可以移动的财产。但如果他给买家讲明，交易包括"院子及院子内的一切"，那就都应该包含在内。拉比以利泽说："如果一个人卖掉他的院子，通常是指卖掉那一块土地。"

亚历山大有一次到以色列出访，犹太人问他说："大帝您想看看我们这珍藏的金银珠宝吗？"大帝回答他说："我的金银珠宝早已是数不胜数，这些没什么看头。我比较想看看你们的日常生活习惯和主持公正的方法。"

刚好，亚历山大大帝在以色列的这段时间里，有两名男子发生了争执，他们一起到拉比所在的地方，想请拉比来主持公道。

一问原因，原来是因为他们中的一个人向另一个人购买了一大堆的废物，但他回家后发现这些废物里还掺入了一些昂贵的金币，于是他就找到卖家对质："我跟你买的是废物，标注的价格中也没有包括这些金币，多出来的这部分我是不会付钱的。"

卖家也不认为自己有错，他说："就算我卖给你的是一堆废物，但是卖给你的东西就是你的，里面包含了任何其他的东西，也都是你的。"

拉比听了他们两个的对质之后，宣判如下："听说你们两个人，一个人有儿子，一个人有女儿，那就让他俩结为夫妻，把这里牵扯到的金币送给这对新人，这样就公平公正了。"

后来拉比在觐见亚历山大大帝的时候问他："如果这样的事发生在您的国家，您会如何处置呢？"

亚历山大大帝不假思索地说："我会把发生争执的这两个人杀了，然后将金币占有。我认为这对我来说是最公正的。"

——上层人总是将公正当作借口。

——上层人眼中没有底层人的公正。

Chapter 06

《塔木德》经典格言

为邻人准备的东西，永远不会是你的。

宁要自己的一把尺子，也不要邻人的九把尺子。

最不起眼的人在家里也是一家之主。

当别人需要的时候不要把水放干。

狗跟着你是为了你袋中的面包。

不要靠近伪善的愚人。

人们的心灵应该和自己的同类相通。

人应该做被追求者，不要做追求者。

如果别人要杀你的时候，你可以先下手把他杀死。

想要完美同伴的人只能忍受孤独。

行动比刨根问底更重要。

玫瑰生长在荆棘中。

与社会保持联系，不要与世隔绝。

人只见别人眼中的微尘，却不见自己眼中的横梁。

不要诽谤你的朋友，诽谤者罪无可恕。

无条件借给邻人的钱不要在三十天内迫其归还。

不要用自己的污点贬低自己的邻人。

愿你家的门大开，愿穷苦人常在你家里。

乐善好施是神圣崇拜的一种表现。

施舍救济比世界上所有的牺牲都要伟大。

耐心胜过巨大财富。

正直的人死了，他们还活着，因为他们树立的形象永存。

比天使更伟大的是坚守正直的人。

正直的人心口一致，他们说是即是，说非即非。

贼被分为七类，第一类就是通过撒谎窃取他人思想的人。

撒谎者说的任何话都不值得相信，即使是真话也不可以。这是对撒谎者的惩罚。

伪善的人就像污秽一样令人讨厌，他终将被孤立。

因为耶路撒冷没有了诚实的人，所以那里被毁灭。

在没有人看见的时候，也要好好做人。在有人的地方，不要故意表现。

为避免被揭穿谎言而身陷窘境，务必学会说："我不知道。"

为别人牺牲的人，别人也愿为你牺牲。

话多容易犯罪。

诽谤者的灵魂转世为一块沉默的石头。

有三类人不能进入天堂——嘲讽者、伪君子和诽谤者。

贼的同伙和贼没有区别。

贼分为七种，首当其冲的是欺骗同伴的贼。

真理是永恒的，但假话定会消亡。

真理是沉重的，所以很少有人愿意携带它。

光照耀一百个人，也照耀一个人。

没有律法，文明就会消亡。

出名相当于毁名。

两个硬币放在一个袋子里比一百个还响亮。

空罐子中的一枚硬币，发出的只是无用的响声。

谦恭能使我们远离罪恶，远离罪恶能使我们获得崇高。

若先知举止傲慢或怒气冲冲，上帝也会剥夺他的预言
能力。

谦卑是比圣洁更值得赞扬的至高美德。

神只把智慧赐给已经有智慧的人。

愚人对侮辱无动于衷，就像死人对伤口无动于衷。

当一个无知的人外表虔诚时，离他远点！

船长太多，船会沉没。

忏悔和善行，可以护佑人的平安。

厚颜无耻的人下地狱，有羞耻之心的人进天堂。

知耻之人不会轻易犯错。

你讨厌什么，就不要对你的邻居做同样的事！

关爱穷人，能让你的子孙不至于穷困潦倒。

门如果不为做慈善而打开，便会向医生打开。

上帝会鞭笞娶不相配之人为妻子的人。

撒旦未亲至时，他派出了他的信使——美酒。

酒进来了，秘密飞出去了。

喝酒不喝醉，人就不会犯罪。

图书在版编目（CIP）数据

塔木德 / （美）莫里斯·亨利·哈里斯编；丁东译. —长沙：
湖南人民出版社，2022.2（2023.6）

ISBN 978-7-5561-2802-0

I. ①塔⋯　II. ①莫⋯ ②丁⋯　III. ①犹太人—人生哲学
IV. ①B821

中国版本图书馆CIP数据核字（2021）第229924号

塔木德
TAMUDE

编　　者：〔美〕莫里斯·亨利·哈里斯
译　　者：丁　东
出版统筹：陈　实
监　　制：傅钦伟
责任编辑：张玉洁
责任校对：杨萍萍
装帧设计：刘　哲

出版发行：湖南人民出版社有限责任公司［http://www.hnppp.com］
地　　址：长沙市营盘东路3号　邮编：410005　电话：0731-82683357

印　　刷：长沙超峰印刷有限公司
版　　次：2022年2月第1版　　　　　　　印　　次：2023年6月第3次印刷
开　　本：880 mm × 1230 mm　1/32　　　印　　张：6
字　　数：60千字
书　　号：ISBN 978-7-5561-2802-0
定　　价：49.80元

营销电话：0731-82683348（如发现印装质量问题请与出版社调换）